鳥語花香 ‧ 欣欣向榮的溫暖手作時光

　　溫暖的春天即將到來，也迎來 Cotton Life 玩布生活 10 週年，感謝不離不棄的粉絲們陪伴一起成長，不論是新舊朋友，繼續努力盛興手作，用溫暖與熱情再次發揚光大。為了回應讀者的支持，決定在粉絲團舉行票選活動，刊登大多數粉絲想看的主題，讓我們與你們有更緊密的連結，一同歡慶 10 週年！

　　本期金選主題「百搭洋裝／上衣」，越來越多人渴望製作手作服，因此榮登最多粉絲票選的主題。邀請擅長服裝創作的專家，發想出上衣或洋裝的款式，布料使用上能呈現不同的風格特色，外出穿上手作的衣服是很有成就感的事，永遠不會撞衫。內容包含兩面皆可穿的時尚雙面俏佳人上衣，想法新穎，不會有衣服穿反的困擾、可當洋裝也可當風衣穿的個性風衣式洋裝，兩種穿搭方式都好看、能駕馭各種穿搭風格的復古風細摺襯衫，用素色或花色製作呈現截然不同的樣貌、簡單大方的自然休閒上衣，給人清新的舒適感，每款都值得擁有一件。

　　銀選專題「功能性時尚女包」，以為大家對包款欣賞疲乏，沒想到功能性的包款還是深得青睞，是不可或缺的存在。內容有用浪漫夢幻布花設計的我的浪漫兩用包，是內外兼具的時尚美包、出遊或出差都超適合的百變女郎手提包，可拆式的設計讓人為之驚豔、肩背或後背都好看的格紋雙拉鍊多功能包，後袋身隱藏的特色等你來發覺，每款都是功能多的超實用好包！

　　銅選特企「必備實用小包」，小包的人氣依舊是居高不下，不容易被取代。本次收錄了精巧卻功能性十足的森活趣寬肩帶夾層斜背包，將皮夾的設計融入包款夾層中，讓人好想馬上動手做、吸睛亮麗的夢幻甜星手提包，可愛的外觀造型，看一眼就印象深刻、手作狂熱者必備的手作達人攜帶型隨身包，外出隨時要動工都沒問題。這次入選的主題絕對能滿足大眾需求，重拾手作的熱情。

　　將票數相近的「隨行男用包」和「手作生活雜貨」也各自邀請到 2 位老師創作，盡力滿足喜愛玩布生活的粉絲需求，未來也請繼續支持。

感謝您的支持與愛護
Cotton Life 編輯部
www.cottonlife.com

Cotton Life

春夏手作系
2020 年 03 月
CONTENTS

自薦專線

Cotton Life 長期徵求拼布老師、手作達人，竭誠歡迎各界高手來稿，將您經營的部落格或 FB，與我們一同分享，若有適合您的單元編輯就會來邀稿囉～

(02)2222-2260#31
cottonlife_service@gmail.com

國家圖書館出版品預行編目 (CIP) 資料

Cotton Life玩布生活 . No.33：2020春夏流行
色與包款 x 百搭洋裝／上衣 x 功能性時尚女
包 x 必備實用小包／Cotton Life 編輯部編 . --
初版 . -- 新北市：飛天手作，2020.03
　面；　公分 . -- (玩布生活；33)
ISBN 978-986-96654-8-3(平裝)

1. 手工藝

426.7　　　　　　　　　　　　109002223

Cotton Life 玩布生活 No.33

編　者　Cotton Life 編輯部
總 編 輯　彭文富
主　編　潘人鳳
美術設計　柚子貓、曾瓊慧、林巧佳
攝　影　詹建華、蕭維剛、張詣
模 特 兒　Angela Lin、Jason、黃品蓁
紙型繪圖　菩薩蠻數位文化

出 版 者／飛天手作興業有限公司
地　　址／新北市中和區中正路 872 號 6 樓之 2
電　　話／(02)2222-2260．傳真／(02)2222-1270
廣告專線／(02)22227270．分機 12 邱小姐
教學購物網／ www.cottonlife.com
Facebook ／ http://www.facebook.com/cottonlife.club
讀者服務 E-mail ／ cottonlife.service@gmail.com
■劃撥帳號／ 50381548
■戶　名／飛天手作興業有限公司
■總經銷／時報文化出版企業股份有限公司
■倉　庫／桃園市龜山區萬壽路二段 351 號

初版／ 2020 年 03 月
本書如有缺頁、破損、裝訂錯誤，
請寄回本公司更換
ISBN ／ 978-986-96654-8-3
定價／ 320 元
PRINTED IN TAIWAN

封面攝影／張詣
作品／李依宸、LuLu

2020
春夏流行色 × 簡易拼布

2020 春夏流行色參考 Pantone Color 所發布的流行色趨勢與拼布做結合，將豐富的年輕化色彩融入傳統經典的布料拼接上。簡單不繁複的幾何排列，搭配上色彩的運用，創造出明朗舒適的視覺觀感，也可以將接近自我特質的流行色帶入作品中，提升獨特性，展現出身處表達個性化的時代，讓人更有記憶點，盡情創作帶有自我風格的拼布作品吧！

12 大首選色彩

火焰腥紅　　番紅花黃　　經典藍　　比斯開綠

韭菜蔥綠　　褪色丹寧　　橙皮橘　　馬賽克藍

日光黃　　珊瑚粉　　肉桂棒　　葡萄醬

4 種經典中性色彩

雲雀　　海軍西裝藍

鮮明白　　蒼白灰

本單元邀請到王鳳儀老師用作品示範的拼接方式，來做流行色的拼貼呈現。

王鳳儀

Profile

本身從事貿易工作，利用閒暇時間學習拼布手作，2011 年取得日本手藝普及協會手縫講師資格。並於 2014 年取得日本手藝普及協會機縫講師資格。
拼布手作對我而言是一種心靈的饗宴，將各種形式顏色的布塊，拼接出一件件獨一無二的作品，這種滿足與喜悅的感覺，只有置身其中才能體會。享受著輕柔悅耳的音樂在空氣中流轉，這一刻完全屬於自己的寧靜，是一種幸福的滋味。

J.W.Handy Workshop
J.W.Handy Workshop 是我的小小舞台，在這裡有我一路走來的點點滴滴。
部落格 http://juliew168.pixnet.net/blog
臉書粉絲專頁
https://www.facebook.com/pages/JW-Handy-Workshop/156282414460019

三角形拼接萬用包

將手中難以割捨收集起來的零碎布料，賦予新的樣貌，創作出流行又實用的萬用包，把曾經精心挑選的布片發揮出最大價值。

製作示範／王鳳儀
編輯／ Forig
成品攝影／詹建華
示範作品尺寸／
寬 20cm × 高 11cm × 底寬 8cm
難易度／ ♥♥♥

Materials

紙型A面

裁布：

配色拼接布	6.5×6.5cm	24 片
表後片	30×20cm	1 片（有含縫份紙型）
裡袋身	30×35cm	1 片（有含縫份紙型）
拉鍊口布	5×22.5cm	2 片（可與表後片同色）
拉鍊擋布	5×12cm	2 片（可與拉鍊口布同色）

※ 以上數字尺寸已含縫份 0.7cm。

其他配件：

鋪棉適量、胚布適量、25cm 拉鍊 ×1 條、直徑約 2.5cm 的圓形木製釦 ×2 個。

09 將表、裡袋身正面相對，如圖示車縫 U 字型，並翻至正面。

製作拉鍊口布

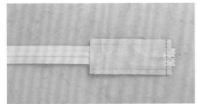

10 取拉鍊擋布車縫在拉鍊一端。

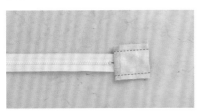

11 將擋布正面相對對折，另一端內折 0.5cm，兩邊車縫固定。

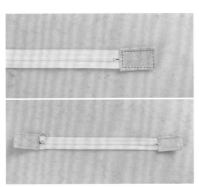

12 翻回正面，距離邊 0.5cm 壓線一圈。拉鍊另一端同作法車縫好擋布。

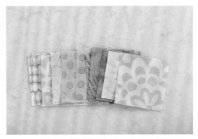

05 表後片＋鋪棉＋胚布三層疊放，正面壓 2cm 斜格線。

製作表袋身

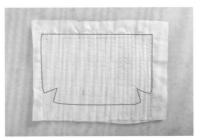

06 取袋身紙型畫在前後表袋身上。

07 沿框線剪下，完成前、後表袋身片。

08 袋身打角對齊好車縫固定。翻回正面，共完成前後片 4 個打角。

表袋身拼接

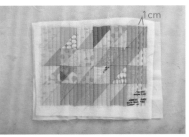

01 將需拼接的布塊準備好，6.5×6.5cm 共 24 片。

02 取 2 片正面相對，畫出對角線，左右 0.7cn 車縫，共完成 12 組。再將對角線裁開，攤開燙平。

03 完成 24 組 5×5cm 的拼接布塊。先取 6 組排列成喜歡的配色組合。如圖示車縫，為 1 排，共需 4 排。

04 將 4 排拼接好的布條接合成一整片。取鋪棉和胚布，三層疊放，正面壓 1cm 間隔的直線。

22 翻回正面，沿邊壓線一圈。裡袋身返口藏針縫合。

23 拉鍊擋布先手縫上裝飾鈕，再藏針縫合在袋身側邊。

24 兩邊擋布手縫好即完成。

18 另一片拉鍊口布同作法車縫在表後袋身袋口處。

19 將口布翻回正面，沿邊壓線固定。

製作裡袋身

返口

20 取 2 片裡袋身，分別車縫好底角，再正面相對車縫 U 字型，底角縫份錯開，袋底留 10cm 返口。

組合袋身

21 將表、裡袋身正面相對套合，袋口處對齊好並車縫一圈。

13 取拉鍊口布，短邊兩端內折燙 0.5cm。再正面相對對折燙好。

14 將 1 片拉鍊口布如圖置中夾住拉鍊一邊，摺線剛好對齊拉鍊邊，車縫固定。◎可先將拉鍊黏貼上水溶性雙面膠帶再車縫。

15 翻回正面，沿邊壓線固定。

16 同上作法完成另一片拉鍊口布的車縫。

17 將拉鍊口布置中於表前袋身袋口處，正面相對，車縫固定。

彩虹藝術托特／手機包

彩虹的效果彷彿藝術品般呈現，令人印象深刻！

此款用多彩交錯成格紋的布花製作，

雙包的視覺層次更展現出個性與時尚。

一次背兩個包的獨特魅力已開始流行，

製作示範／Meny
編輯／Forig　成品攝影／詹建華
完成尺寸／
托特包：最寬 32cm × 高 32cm（不含提把）× 底寬 14cm
手機包：寬 12cm × 高 18cm × 底寬 2cm
難易度／♣♣♣

Profile

愛爾娜國際有限公司

電話：02-27031914
經營業務：日本 Janome 車樂美縫衣機代理商
　　　　　韓國無毒環保拼布專用布進口商
　　　　　縫紉工具週邊商品研發製造商
作　　者：Meny
經　　歷：愛爾娜國際有限公司商品行銷部資深經理
　　　　　企業外課講師暨加盟教育訓練講師
　　　　　布藝漾國際有限公司出版事業部總監

 https://www.facebook.com/buyiyang.shop/
 https://www.instagram.com/different_craft/?hl=zh-tw

信義直營教室： Tel：02-27031914 Fax：02-27031913
台北市大安區信義路四段 30 巷 6 號（大安捷運站旁）
師大直營教室： Tel：02-23661031 Fax：02-23661006
台北市大安區師大路 93 巷 11 號（台電大樓捷運站旁）

Materials

紙型 A 面

托特包

用布量：表布 ×2 尺、裡布 ×3 尺。

裁布：

表布

袋身上片	紙型	2 片（燙厚布襯）
前後下片	紙型	2 片（燙厚布襯）
袋底片	33×24cm	1 片（燙不含縫份帽子襯）
內上片	紙型	2 片（燙厚布襯）
前袋蓋	紙型	1 片（燙厚布襯）
掛耳布	8×5cm	2 片（燙 6×3cm 厚布襯）

裡布

袋身	紙型	2 片（燙薄布襯）
前袋蓋	紙型	1 片（燙薄布襯）
內貼式口袋（直）	34×20cm	1 片（燙 32×18cm 薄布襯）
裡前口袋	34×20cm	1 片（燙 32×18cm 薄布襯）
外拉鍊口袋	36×25cm	1 片（燙 34×23cm 薄布襯）
內拉鍊口袋	40×25cm	1 片

其它配件：

3cm 織帶 ×120cm、磁釦 ×1 組、20cm 拉鍊 ×1 條、18cm 拉鍊 ×1 條、2.5cm D 型環 ×1 個、2.5cm 龍蝦鉤 ×1 個。

手機包

用布量：表布 ×1 尺、裡布 ×1 尺。

裁布：

表布

後袋身	紙型	1 片
前上片	紙型	1 片（燙不含縫份單膠棉）
前口袋	紙型	1 片（燙不含縫份單膠棉）
袋蓋	紙型	1 片（燙不含縫份單膠棉）
提帶	32×4cm	1 片
掛耳	6×5cm	2 片

※ 以上有燙不含縫份單膠棉的裁片，都要再燙上含縫份薄布襯。

裡布

袋身	紙型	2 片（燙薄布襯）
袋蓋	紙型	1 片（燙薄布襯）
前口袋	紙型	1 片（燙薄布襯）
前內下裡	紙型	1 片（燙薄布襯）
後拉鍊口袋	紙型	2 片

其它配件：

1cm D 型環 ×2 個、1cm 龍蝦鉤 ×2 個、插鎖 ×1 組、10cm 拉鍊 ×1 條。

※ 以上紙型為實版，縫份皆外加 1cm，數字尺寸已含縫份。

製作後拉鍊口袋

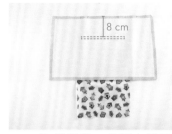

09 取外拉鍊口袋置中於另一片表袋身上片並正面相對，袋身袋口中心往下 8cm 處車縫 18×1cm 的一字口袋開口。

10 將口袋開口剪開，外拉鍊口袋翻至袋身背面，整燙好開口，取 18cm 拉鍊擺放至開口並沿邊壓線一圈。翻到背面，將口袋對折，車縫三邊固定。

製作前後袋身

11 取一片前後下片對齊後袋身上片下方，正面相對車縫。

12 翻回正面，沿邊壓線一道，再距邊 0.5cm 車縫裝飾線。

05 取袋蓋表裡布正面相對，依圖示車縫，並用鋸齒剪刀修剪縫份。

06 翻回正面，沿邊壓線。

07 將袋蓋依紙型位置擺放在前口袋開口上方，正面相對，距邊 0.5cm 車縫一道。

08 袋蓋往下翻折，上方壓線 0.5cm 固定。

托特包

製作前口袋

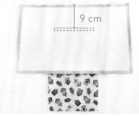

01 取裡前口袋置中於表袋身上片並正面相對，袋身袋口中心往下 9cm 處車縫 15×1cm 的一字口袋開口。

02 將口袋開口剪開，裡前口袋翻至袋身背面，整燙好開口。

03 沿邊壓線一圈。

04 裡前口袋布往上對折，袋身正面依前口袋紙型模板壓出輪廓線，再壓裝飾線。

21 翻到背面，將口袋對折，車縫三邊固定。

17 翻回正面，沿邊壓線一道，再距邊 0.5cm 車縫裝飾線。

13 另一片前後下片與前袋身上片同作法車縫完成。

製作裡袋身

22 取內貼式口袋（直）正面相對對折，車縫三邊固定，底邊留一段返口，並將四個角的縫份修剪。

7 cm

18 取內拉鍊口袋置中於裡袋身並正面相對，袋身袋口中心往下 7cm 處車縫 20×1cm 的一字口袋開口。

14 取表袋底置中於後袋身下方，正面相對車縫。

中心

23 翻回正面，整燙好，並燙出中心線。

19 將口袋開口剪開，內口袋翻至袋身背面，整燙好開口。

15 翻回正面，沿邊壓線一道，再距邊 0.5cm 車縫裝飾線。

9 cm

24 將貼式口袋置中於另一片裡袋身袋口中心往下 9cm 處，口袋三邊壓線固定。

20 取 20cm 拉鍊擺放至開口並沿邊壓線一圈。

16 袋底另一邊至中於前袋身下方，正面相對車縫。

33 再將兩側縫份攤開，袋底打角對齊好車縫固定。

29 再將袋底打角對齊好車縫固定。

25 取內上片與裡袋身上方正面相對車縫一道。

34 取掛耳布，長邊往中心折燙，正面沿邊壓線一道，再距邊0.5cm 車縫裝飾線。掛耳布套入 D 型環對折並車縫。

組合袋身

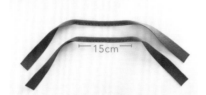

—15cm—

30 取 120cm 織帶對剪成兩段，將織帶中段對折，車合 15cm固定。

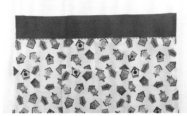

26 翻回正面，縫份倒下，沿邊壓線固定。

35 同作法完成另一片掛耳布，此片套入龍蝦鉤對折車縫。

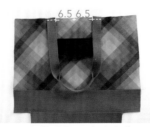

6.5 6.5

31 把織帶擺放在表袋身袋口中心往左右各 6.5cm 處，車縫固定，完成前後袋身。

27 另一片內上片與裡袋身同作法車縫完成。

36 將兩個掛耳置中於表袋身袋口兩側，車縫固定。

32 將表前後袋身正面相對，車縫兩側。

返口

28 將前後裡袋身正面相對，車縫三邊固定，底邊要留一段返口。

05 翻到背面，取另一片後拉鍊口袋對齊，周圍車縫一圈。

06 後袋身再燙上不含縫份單膠棉。

07 取前口袋表裡布正面相對，車縫上方一道。

08 翻回正面，沿邊壓線一道，再距邊 0.5cm 車縫裝飾線。

手機包

製作袋蓋

01 取表裡袋蓋正面相對，車縫 U 字型，並用鋸齒剪刀修剪縫份。

02 翻回正面，沿邊壓線固定。

製作後拉鍊口袋

03 取後拉鍊口袋擺放至後袋身紙型口袋標示位置，正面相對，車縫 10×1cm 的一字口袋開口。

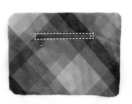

04 將開口剪開，口袋布翻至袋身背面整燙好。取 10cm 拉鍊擺放至開口並沿邊壓線一圈。

37 表、裡袋身正面相對套合，袋口處對齊好車縫一圈。

38 翻回正面，沿邊壓線一圈，再距邊 0.5cm 車縫裝飾線。裡袋身返口藏針縫固定。

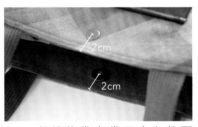

39 在前後袋身袋口中心往下 2cm 處釘上一組磁釦。

40 托特包完成。

17 將縫份燙開，袋底打角對齊好車縫固定。

18 取掛耳布長邊往中心折燙，再對折燙，正面壓線固定。穿入 1cm D 型環車縫，完成 2 個。

19 將兩個掛耳置中於表袋身袋口兩側，車縫固定。

20 表、裡袋身正面相對套合，袋口處對齊好車縫一圈。

製作裡袋身

返口

13 取 2 片裡袋身正面相對，車縫三邊固定，底邊要留一段返口。

14 將縫份燙開，袋底打角對齊好車縫固定。

組合袋身

15 取袋蓋擺放至表後袋身袋口處，置中車縫固定。

16 將前後袋身正面相對，如圖示車縫三邊。

（正面）

（背面）

09 依前口袋紙型標示位置安裝上插釦底座。

10 取表前上片與前內下裡正面相對，對齊一邊車縫。

11 翻回正面，縫份倒向前內下裡，沿邊壓線固定。

12 取步驟 9 的前口袋擺放至前內下裡，對齊好三邊車縫。

21 翻回正面整理袋型,返口藏針縫固定。

22 袋蓋中心處釘上插釦。

2cm

23 取提帶布,長邊往中心折燙,兩端內折1cm,再對折燙好,正面沿邊壓線固定。兩端套入1cm龍蝦鉤,折入2cm並釘上8mm鉚釘。

24 將提帶扣上袋身 D 型環即完成手機包。

製作示範／LuLu

編輯／Forig　成品攝影／蕭維剛

完成尺寸／

編織包：寬25cm×高22cm×底寬13cm

斜背包：寬22cm×高18cm×底寬11cm

難易度／♣♣♣♣

時尚鏤空子母包

將去年流行的時尚鏤空包結合今年流行的雙包主題，讓你走在時尚尖端。子母包的設計，分開或組合使用都可以，一次擁有三個包可隨時搭配，走在路上絕對是目光焦點。

Profile

LuLu

熱愛手作生活並持續樂此不疲著，因為"創新創造不是一種嗜好，而是一種生活方式"。
∘ 原創手作包教學／布包皮包設計繪圖
∘ 著作：《職人手作包》，《防水布的實用縫紉》，《職人精選手工皮革包》
∘ 雜誌專欄：Cotton Life 玩布生活，Handmade 巧手易
∘ 媒體採訪：自由時報、Hito Radio、MY LOHAS 生活誌 ......

■搜尋：LuLu Quilt – LuLu 彩繪拼布巴比倫
部落格：http://blog.xuite.net/luluquilt/1

Materials

紙型 C 面

裁布：

※ 除特別指定外，縫份均為 0.7cm。紙型已含縫份。

部位名稱	尺寸	數量
表布 A_ 防水布	紙型	2
裡布 B_ 橙色傘布	紙型	2
裡布 C_ 咖啡色傘布	28×4.7cm（含縫份）	2
袋蓋 D_ 防水布	紙型	2（1 片鏡射為裡）
表布 a_ 防水布	紙型（同表布 A）	2
裡布 b_ 橙色傘布	紙型（同表布 A）	2
掛耳布 E	8.5×3.5cm（含縫份）	2
掛耳布 F	4×5cm（含縫份）	1
大底皮	紙型	1
小底皮	紙型	1
皮條 _ 直	3×19cm（有紙型）	10
皮條 _ 橫 a	40×3cm	2
皮條 _ 橫 b	42×3cm	2
皮條 _ 橫 c	42×3cm	2
持手皮片	10×3cm	2

其它配件：

25cm 拉鍊 ×1 條、寬 2cm D 型環 ×2 個、8×6mm 鉚釘 ×2 組、8×8mm 鉚釘 ×4 組、3cm 寬織帶長 30cm×2 條、3cm 寬織帶長 110cm×1 條、寬 3cm 問號鉤 ×2 個、寬 3cm 日型環 ×1 個、寬 3cm 口型環 ×1 個、鎖釦 ×1 組、厚布襯少許。

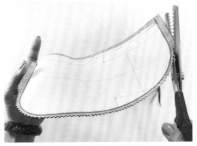

09 弧度邊以鋸齒剪剪牙口。

05 翻回正面,同法,縫份倒向表布,壓車一道直線。

子包 a 袋身的製作

01 裡布 b 二片,依喜好縫製內裡口袋。示範在 b 後片縫製一貼式口袋。

10 翻回正面,U 形邊壓車三道裝飾線。至此,備好袋蓋。

06 用骨筆刮平拉鍊兩邊的裡布部份。

02 表布 a 前片和裡布 b 前片正面相對,上邊夾車長 25cm 拉鍊。拉鍊和表布是呈現正面相對的狀態。

（三）

裡布 B 和 C 的製作

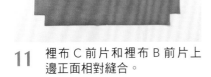

11 裡布 C 前片和裡布 B 前片上邊正面相對縫合。

（二）

袋蓋的製作

07 袋蓋 D 表裡正面相對縫合,上邊直線處不縫。

03 翻回正面,縫份倒向表布,裡布攤開至右邊,於表布和拉鍊的完成線旁壓車一道直線。

12 將 C 往上翻,縫份倒向下,壓車一道直線固定。成為裡布 BC 前片一整片。

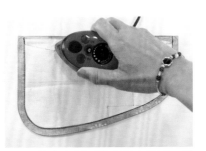

08 於表布反面燙上厚布襯(U 形邊不含縫份但上邊含縫份)。

04 表布 a 後片和裡布 b 後片夾車拉鍊的另一邊。

20 套入 D 型環，對折並粗縫固定。

21 取掛耳布 E 二片，正面相對車縫一側（車縫縫份 0.7cm）；而另一側入 1.5cm 則畫一道記號線。

0.7cm

1.5cm

22 縫份打開，如圖，左右兩邊分別往記號線折入。

23 對折，縫合的那一側壓車臨邊線固定。

17 翻回正面，縫份倒向表布，裡布和袋蓋攤開至左邊，如圖示，於表布完成線旁壓車一道直線。

（五）

裡布 BC 前片和表布 A 前片

18 參考（四）步驟，表布 A 前片和裡布 BC 前片接縫成一整片，縫份倒向表布並壓車。

（六）

D 環掛耳的製作

19 於掛耳布 F 反面畫一道中線，兩側往中線折，分別壓車臨邊線。

13 示範在裡布 B 後片縫製一貼式口袋。同法，裡布 C 後片和裡布 B 後片接縫並壓車，成為裡布 BC 後片一整片。

（四）

袋蓋、裡布 BC 後片和表布 A 後片

表布A後片的
圓角凵形車縫位置

14 參照紙型，在表布 A 後片的反面，畫出（圓角凵形）車縫記號線。

15 袋蓋正面朝下，粗縫於表布 A 後片上邊。

16 上方再放上裡布 BC 後片，和表布 A 後片一起夾車袋蓋。

31 由返口翻回正面，如圖。至此，a袋完成。

32 將D環掛耳端粗縫於對應的表布A後片位置。同法，粗縫另一側的D環掛耳。

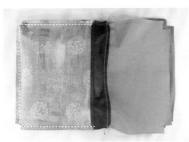

33 再和步驟（五）正面相對，表布A前後片對齊，車縫三邊。

34 裡布B前後片正面相對對齊，車縫三邊，需預留大一些的返口不縫。

28 將表布a後片和前片正面相對對齊，車縫三邊。此時步驟（四）是包夾在表布a前後二片內，務必留意不要被車到。

29 車縫表袋底打角。

30 裡布b後片和前片正面相對對齊，車縫三邊，但預留一返口不縫，返口需留大一些。再車縫裡布袋底打角。

24 中央位置夾入步驟20的D環，同法，壓車臨邊線。

25 再以8×6mm鉚釘補強固定。共需完成二組D環掛耳。

（七）
全體組合

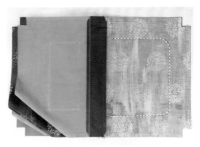

26 取步驟（一）和步驟（四），使表布A後片和表布a前片正面相對對齊，沿著A後片上的圓角凵形記號線車縫。

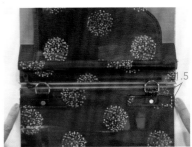

27 將完成的兩組D環掛耳（正面朝下），分別粗縫於圖示表布兩側適當位置（拉鍊完成線下1.5cm）。

42 右邊位置如圖所示，左邊亦同。

38 大底的打角依紙型打洞釘合鉚釘固定。

35 表裡布的袋底車縫打角共四處。

43 同法，縫合固定後面四條直向皮條。

39 四個角固定完成如圖。

36 由返口翻回正面。裝置鎖釦。裡布返口藏針縫。鉤上斜背帶即完成子包。

（八）

編織母包的製作

44 右側置中處縫合固定一直向皮條。

40 縫合固定前面的四條直向皮條。

45 同法，左側縫合固定最後一條直向皮條。

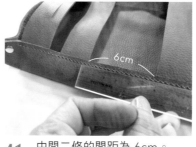

41 中間二條的間距為6cm。

37 取大底皮，反面中央位置縫上一片小底皮，作為底部加厚。

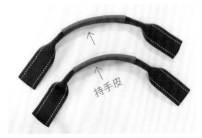

54 持手皮片對折，包覆織帶中央處，縫合固定。共需完成二條持手。

55 以中間二條直向皮條和橫 c 包夾持手端。 這個部份建議用強力膠先行黏合，再縫合固定。

56 整體完成。

50 同法，連結縫合兩條橫 b，完成如圖。

51 橫 c 不以重疊方式連結，（這裡以右端做示範）需和（右側的）直向皮條的上邊對齊一起縫合一口字形固定。

52 同法，連結縫合橫 c 另一端。

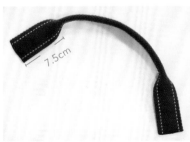

53 製作持手：織帶對折車縫中央段（兩端約 7.5cm 不車）。

46 前後各穿上一條橫 a 皮條。

47 兩條橫 a 連結的方式如下：一端先穿入右側的直向皮條。

48 再和另一條橫 a 重疊 1cm，並縫合固定。

49 同法，連結縫合另一端；並調整置中以隱藏縫線。

百搭洋裝／上衣

衣櫃總是感覺缺一件，手作的服飾也很迷人，
選擇最適合自己風格的布料，做出專屬衣著。

復古風細褶襯衫

七分袖的襯衫，多了幾分端莊感，
搭配上衣身和袖口處抽皺摺的
表現，增添女性的柔美。運用
素色布或碎花布製作，呈現出
不同風格，是一款百搭的服飾
單品。

製作示範／何旻樺　編輯／Forig
成品攝影／張詣
完成尺寸／全長68cm（Size：M）
model：Angela Lin（165cm，50kg）
難易度／✂✂✂✂

尺寸表：（單位CM）

尺寸	領圍	肩寬	胸寬（半圈）	袖長	袖襱	前衣長	後衣長
S	57	43	48	41	47	54	68
M	58.5	43.5	50	42	49	55	69
L	60.5	44	52	43	51	56	70

Materials 紙型 C 面

用布量：
S號：110cm（幅寬）6尺、M號：110cm（幅寬）8尺、
L號：110cm（幅寬）8尺。

裁布：

後身下片	紙型	1片	
後身上片	紙型	2片	
前身片	紙型	2片	
前襟	紙型	2片	（2片依紙型位置燙薄布襯）
袖片	紙型	2片	
袖口布	紙型	2片	（2片依紙型位置燙薄布襯）
領布	紙型	2片	（1片燙薄布襯）

※以上紙型未含縫份，縫份留法請依照紙型上的標示。

其它配件：薄布襯少許、釦子5顆。

Profile

min min 何旻樺

多情的台南人，縫衣服時會想著拼布，做拼布時又心繫刺繡。15歲踏上服裝至今27年未對布料纖維變心過，反而更迷戀執著。

・JLL（財）日本生涯學習協議會機縫指導師資
・JLL（財）日本生涯學習協議會英國刺繡師資
・2009日本橫濱拼布展作品入圍
・台南市南關社區大學手作洋裁指導老師

FB搜尋：檸檬星拼花手工房
IG搜尋：minmin_quiit

作品特色與重點：

落肩袖設計、細褶、立領、前襟、衣襬圓弧與前短後長。

↳製作後衣身

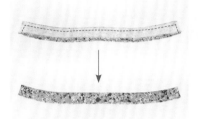

9 將兩片正面相對,於反面三邊車縫固定,兩邊下方車到縫份內折燙處即可。反面修剪牙口後翻到正面,整燙好備用。

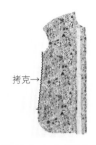

5 取前衣身和門襟布車縫,兩側脇邊拷克到開叉止點。

| 後衣身下片依紙型記號止點抽細褶。後衣身上片與下片正面相對,於反面車縫。

↳製作袖子

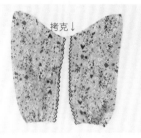

抽細褶

抽細褶

10 取袖片,袖山依紙型標示位置抽細褶。袖口處也需抽細褶,完成左右袖。

(正面)   (背面)

6 整燙縫份倒向門襟布,中心折燙好蓋住反面縫份,並於正面衣身沿邊落針壓線。

2 取另一片後衣身上片與下片的反面相對,3層車縫,形成兩上片夾車下片的樣子。

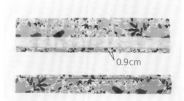

拷克↓

|| 兩側脇邊正面相對對齊,車縫後拷克。

抽細褶   抽細褶

7 肩線處依紙型標示位置抽細褶。

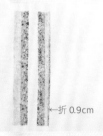

拷克→

3 車縫完翻回正面整燙後,後衣身上片沿邊壓裝飾線0.5cm,兩側脇邊拷克到開叉止點。

0.9cm

12 取袖口布折燙出中心線,並在燙襯的下方縫份往內折燙約0.9cm。

↳製作領子

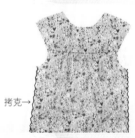

8 取燙襯的領片,其中一片下方縫份往內折燙約0.9cm。

↳製作前衣身

←折 0.9cm

4 門襟布燙上半襯和燙出中心線後,將燙襯之處折燙約0.9cm。

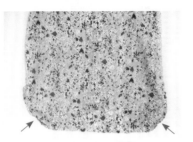

21 衣襬圓弧處用熨斗縮燙。

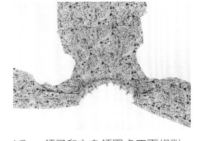

17 領子和衣身領圍處正面相對，對齊好車縫固定。

←攤開

13 兩側車合成圈狀後縫份燙開。

22 衣襬縫份三捲邊縫，沿邊壓線0.1cm固定。

18 將領子翻折好，折燙處蓋住接縫線，再翻到衣身正面沿邊壓線。

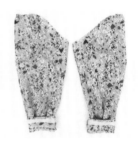

14 將袖子和袖口布正面相對套合對齊好，車縫一圈固定。

23 前門襟處依紙型記號開釦洞，並縫上釦子即完成。

19 前後衣身兩側脇邊對齊，車縫到開叉止點。

15 縫份倒向袖口布整燙，於袖口布兩側壓裝飾線約0.2cm。

快速抽細褶技巧

←9

將上線張力數字調大到9、針目放到最大，車縫時布料即會自動產生皺褶。（適用各廠牌桌上型縫紉機，數字愈大即線張力愈大，布料會愈皺縮，各個數字會產生不同細褶感）。

✂拷克

20 袖子和衣身袖襱正面相對，套合對齊好，車縫一圈並拷克，完成左右袖。

✂組合衣身

16 取前後衣身肩線處接縫後一起拷克，肩線縫份倒向後衣身，在後肩線正面壓裝飾線0.2～0.5cm。

時尚雙面俏佳人上衣

有別於一邊單面的穿法，想一衣多穿，還能有不同風格。左右不對稱領型有弧度的美感，甜美又獨特。襯衫領風格，可當小外套或單穿，可以帥氣，也可以OL風。2020年春夏裝就是流行落肩袖，7分泡泡袖，除了時尚感更有小可愛的氣息。今年春夏就是要領先流行！

製作示範／李依宸

編輯／Forig　成品攝影／張詣

完成尺寸／M／model：Angela Lin、黃品蓁（165cm、50kg）

難易度／✂✂✂✂✂

尺寸表：（單位CM）

尺寸	肩寬	胸圍	前衣長	後衣長	袖長（不含落肩）
S	33～35	102	52	54	38.5
M	34～36	108	53	55.5	39.5
L	35～37	116	55.5	57.5	41.5

裁布注意

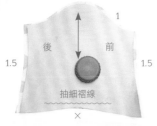

1 依前身片排版裁布圖，畫好縫份
留法並裁剪，後衣身做法相同。
※圖示數字為各處縫份留法。

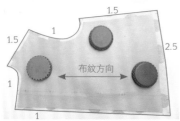

2 後身片縫份留法。

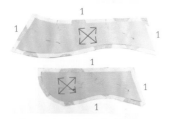

3 袖子依縫份裁布，袖口不留縫份
裁剪好。

4 上／下領片排版裁布圖，裁片擺
斜布紋裁剪。

5 領口和袖口滾邊條也擺斜布紋
裁剪。

Profile 李依宸

台南女子技術學院 服裝設計系畢
日本手藝普及協會 手縫講師
臺灣喜佳專業機縫師資班第一屆機縫講師
曾任臺灣喜佳北區才藝中心主任、經銷業務副理。
服裝設計打版師經歷5年、拼布教學經驗20年。
2008年成立「一個小袋子工作室」至今。
著有：《玩包主義：時尚魔法Fun手作》、《1＋1幸福成雙手作包》

一個小袋子工作室

北市基隆路二段77號4樓之6｜02-27335878
FB搜尋：「一個小袋子工作室」

Materials 紙型 Ⓐ 面

用布量：柔軟舒適的棉麻布6尺。

裁布與燙襯：

※版型為實版，縫份請外加。數字尺寸已內含0.7cm縫份。

前身片	紙型	1
後身片	紙型	2
袖片	紙型	2
上領片	紙型	2
下領片	紙型	2
S領口滾邊布（斜布）	3×50cm	1
M領口滾邊布（斜布）	3×51cm	1
L領口滾邊布（斜布）	3×52cm	1
S袖口滾邊布（斜布）	4×25cm	2
M袖口滾邊布（斜布）	4×26cm	2
L袖口滾邊布（斜布）	4×27cm	2

其它配件：釦子×5顆、1.2cm「4分」鬆緊帶（S：56cm、M：60cm、L：
63cm）。

✂製作前後衣身

9 將下襬處先摺燙1cm,再摺燙 1.5cm。

5 再摺燙1.5cm,備用。

拷克↑

1 前衣身拷克肩線與脇邊。

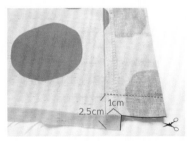

1cm
2.5cm

10 門襟處正面相對反摺,車縫下 襬摺線線處,依圖示將重疊1cm縫 份剪掉,減少厚度。

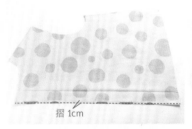

摺 1cm

6 取後衣身,門襟處先摺1cm整 燙,並車縫0.2cm臨邊線。

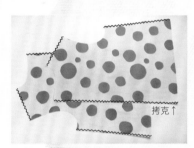

拷克↑

2 後衣身拷克肩線、脇邊與開襟 處。

11 翻回正面整燙好,完成左右2 片。

7 再依紙型標示位置處摺燙。

↓拷克   拷克↓

3 將袖子兩脇邊拷克。

燙開→   ↑燙開

12 將前衣身與後衣身正面相對,肩 線和脇邊處對齊車合,縫份燙 開。

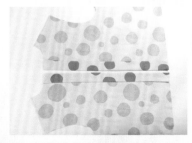

8 完成2片後衣身。

4 取前身片,下襬處先摺燙1cm。

✂ 製作領子

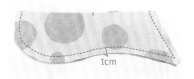

17 將上、下領片分別翻回正面，整燙好備用。

13 取2片下領片正面相對，依圖示車縫。

✂ 接合領子

20 領型完成圖。

18 將下領片依紙型標示位置對齊好，疏縫0.5cm固定在領圍上。

14 因領片弧度，所以將縫份剪牙口並修小。

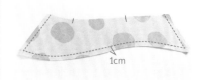

21 依圖示將門襟反摺，車縫上方1cm。

19 上領片依紙型標示位置對齊好，疏縫0.5cm固定在領圍上。

15 取2片上領片正面相對，依圖示車縫。

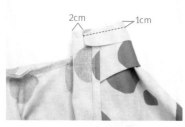

22 取3cm領口滾邊布由門襟標示位置開始車縫。

16 同下領片做法，將縫份剪牙口並修小。

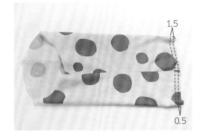

31 袖口要抽皺,先將縫紉機針趾長度調至4。疏縫袖口,先車0.5cm一圈,起針需回針,結束時不回針,留下一小段線。離袖口1.5cm再車第二道疏縫線,起針需回針,結束時不回針,留下一小段線。

32 兩條上線一起拉皺摺。

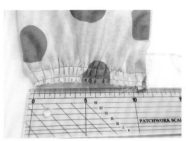

33 依袖口抽皺摺的尺寸,縮皺至所需尺寸。(S:23cm、M:24cm、L:25cm)

34 將4cm袖口滾邊布先摺燙好2條。

27 並沿邊壓線固定。

28 領圍的滾邊完成。

29 將領子翻摺好,正面呈現的樣子。

✂製作袖子

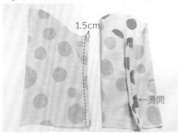

30 取袖片正面相對對折,袖脇對齊好車縫,並將縫份燙開。

23 滾邊布車縫領圍一圈。

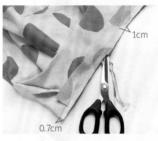

24 再將縫份修剪至0.7cm。

25 領圍弧度處請剪牙口。

26 依圖示將領口滾邊布摺燙好。

✂組合衣身

43 上衣袖襱與袖子袖山處組合，上衣肩線與袖中心對齊，袖脇邊與上衣脇邊對齊，先用強力夾或珠針固定。

44 對齊好後車縫一圈固定。

45 袖襱正面先放在燙馬上整燙一下，順便檢查是否有車好。

←拷克

46 將袖襱處拷克一圈，同做法完成另一邊袖子接合。

39 將第二道疏縫線拆除。

40 滾邊摺燙好後，可先疏縫一圈，以利車縫壓線。

41 在滾邊正面落針壓線一圈。

42 將疏縫線拆除，同做法完成另一個袖子，共2組。

35 與袖口處正面相對車縫。

36 車縫至交接處時，先將滾邊布頭尾兩端相接，縫份燙開。

37 再繼續將袖口與滾邊布車縫完成。

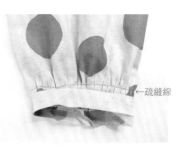

←疏縫線

38 袖口正面圖示。

54 釦子扣合後即完成。
★本款上衣兩面皆可當正面，各有不同風格，穿上這款，時尚又有型。

51 下襬處車縫完成。

52 門襟依紙型標示畫出釦眼位置，釦眼長度依所選釦子決定。

53 開好釦眼後，再依相對位置縫上釦子。

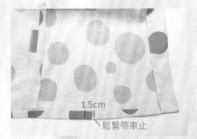

1.5cm
鬆緊帶車止

47 後衣身下襬已先摺燙過，依標示位置做好記號。

背面
正面

48 車縫0.1cm臨邊線，兩側都留1.5cm開口不車。

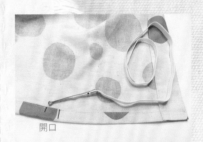

開口

49 用穿帶器將鬆緊帶由開口處穿入。

50 穿入後先拉一段，將鬆緊帶車縫在圖示位置上，再將開口處也壓線封起來。繼續將鬆緊帶拉到另一邊後片位置，一樣將鬆緊帶車縫固定後，開口處壓線封起來。

個性風衣式洋裝

有格調的服飾單品，當洋裝穿時端莊甜美，
當風衣穿時率性迷人，展現個人多變風格的魅力！

製作示範／翁羚維　編輯／Forig　成品攝影／張詣
完成尺寸／M／model：Angela Lin（165cm，50kg）
難易度／✂✂✂✂

尺寸表：（單位CM）

尺寸	胸圍	腰圍	臀圍	背長	前袖襱深	後袖襱深	上身衣長	下身裙長	袖長	總長
M	85	73	94	38	22	21.6	40	72	55	112
L	89	77	98	39	23	22.6	41	74	57	115
XL	93	81	102	39	23.6	23.2	41	74	57	115

Materials 紙型 B 面

用布量：

布幅寬110cm，表布若不是格子布可扣掉1尺的用布量

M號：表布12尺、裡布5尺、配色布1尺
L號：表布12尺、裡布5尺、配色布1尺
XL號：表布13尺、裡布5尺、配色布1尺

裁布：※因裁片較多，請參考P.68紙型索引。

表布（格子布）

前片	依紙型	2片	
後片	依紙型折雙	1片	
前裙片	依紙型	2片	
後裙片	依紙型折雙	1片	
袖子	依紙型	2片	
口袋布	依紙型	4片	（正反各2片）
後擋布	依紙型折雙	2片	洋裁襯不含縫份2片
領片	依紙型折雙	2片	洋裁襯不含縫份2片
領台	依紙型折雙	2片	洋裁襯不含縫份2片
袖口布	依紙型折雙	2片	洋裁襯不含縫份2片
門襟（M號）	7.2cm×108.5cm↑	2片	洋裁襯5.2cm×104.5cm 2片
門襟（L號）	8cm×112cm↑	2片	洋裁襯6cm×108cm 2片
門襟（XL號）	8cm×112cm↑	2片	洋裁襯6cm×108cm 2片

裡布

前裙片	依紙型	2片
後裙片	依紙型折雙	1片

配色布（細絨布）

腰帶	12cm×182cm↑	1片	
腰帶環	4cm×8cm↑	3片	
袖衩貼邊	依紙型	2片	洋裁襯含縫份2片

※紙型皆未含縫份，請依指定數字留縫份裁剪；數字已含縫份1cm，
　請依標示尺寸直接裁剪。

※腰帶與腰帶環3種尺寸皆相同；口袋布與袖衩貼邊，3種尺寸紙型皆相同。

燙襯部位：

1. 依裁布說明將裁片燙上洋裁襯。
2. 表布的前後裙片依紙型上的口袋位置，燙上1.5×21cm
　 的牽條（洋裁襯裁斜布紋），共4條。

先拷克部位：

1. 前後片的脇邊。　　2. 前後裙片的脇邊、下襬。
3. 袖子的脇邊。　　　4. 袖衩貼邊外圍弧度處。
5. 裡布前後裙片的脇邊。

其它配件：洋裁襯、9號車針、11號車針、# 80車線、彈性
線（裡布用）、直徑1.5cm鈕釦13顆、假縫棉線。

Profile

翁羚維

現職：微手作工作室
簡歷：台南女子技術學院 / 服裝設計系畢業
　　　曾任台灣喜佳新竹新光三越專任老師
・2013 年參與《布作迷必備的零碼布活用指南書》合著製作
・2014 年參與《機縫製造！型男專用手作包》合著製作
・2016 年參與《型男專用手作包 2 隨身有型男用包》合著製作
FB 社團：微手作

作品特色：

1. 襯衫式的洋裝讓穿搭能更多元化，將蝴蝶結往
　 後綁，洋裝也能變成是帥氣的長版風衣外套。
2. 脇口袋的設計讓洋裝再增添實用性。
3. 雙層後擋布及裡布的設計，讓作品收邊更精緻。
4. 這件洋裝不是合身款式，在差距 3cm 左右還是
　 可以穿著的。

課前準備：

將布料過水，浸泡約 30 分鐘（不放清潔劑），
脫水後取出陰乾，用蒸氣熨斗燙平即可。
※ 不可用烘乾或直接大太陽曬乾的方式。

How To Make

製作衣身片

車縫前片褶子,褶尖不回針,留
線頭打結處理。

2 褶子倒向上,依圖示車縫0.2cm
固定,前片完成。

3 取1片後擋布與後片,正對正,
中心點對齊,先車縫0.2cm固
定。

4 再取另1片後擋布與後片正對
反,中心點對齊,車縫1cm。◎
擺放順序:後擋布+後片+後擋
布。

5 縫份倒向上整燙,車縫裝飾線
0.2cm,後片完成。

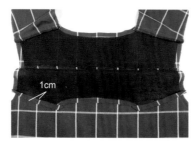

6 前片與後片表後擋布,正對正,
車縫肩線1.2cm。◎裡後擋布不
車縫。

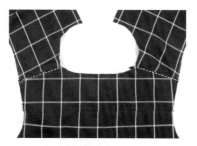

7 縫份倒向後擋布整燙,裡後擋
布縫份折燙1cm。

1cm

8 裡後擋布蓋住表後擋布縫份,
先用假縫線固定好,再從表後
擋布正面壓裝飾線0.2cm。

---

9 前片與後片正對正,車縫兩側脇
邊,縫份燙開。

製作表布裙片

10 前裙片依褶子記號線對折好,
車縫0.2cm固定。◎褶子記號線
是畫在表布正面。

11 同步驟10,完成後裙片的褶子記
號線。

粗針

12 前後裙片正對正,車縫兩側脇邊
1.2cm,口袋位置放大針趾車縫
(粗針),頭尾加強回針,並將
縫份燙開。

21 下襬折燙1cm，再1cm，正面車縫0.8cm固定。

17 車縫口袋布外圍縫份1cm，並一同拷克處理。

13 取口袋布，口袋正面面向後裙片的反面，口袋布布邊對齊前裙片的脇邊，於口袋位置處車縫1cm。（不要車到裙片）

22 裡裙片與表裙片反對反，車縫外圍0.2cm固定。◎車縫方向：脇邊→腰圍→脇邊。

18 再將脇邊大針趾的車縫線拆除，整燙好，即完成脇口袋。

14 口袋布倒向前裙片整燙，會與前脇邊的縫份差距0.2cm。

✂ 組合衣身片與裙片

↓拷克

23 衣身片（步驟9）與裙片（步驟22）正對正，中心點對齊，車縫腰圍1cm，並拷克處理。

19 同步驟12～18，完成另一側脇口袋。

✂ 製作裡布裙片

15 前裙片正面畫出紙型的口袋位置，車縫裝飾線，頭尾加強回針。

24 縫份倒向上整燙，正面車縫裝飾線0.2cm。

20 同步驟10～12，完成裡布裙片的車縫。◎裡裙片沒有口袋，所以無需放大針趾車縫，車縫裡布建議底線可更換彈性線車縫，會順手許多。

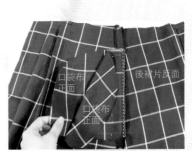

16 再與另一片口袋布正對正，口袋布布邊對齊後裙片的脇邊，於口袋位置處車縫1cm。（不要車到裙片）

38

製作門襟與下襬

25 門襟布與衣身片（步驟24）正對正，車縫1cm。

29 同步驟25～28，完成另一片門襟布。

33 取1片領台，縫份往上折燙0.9cm，為裡領台。

26 縫份倒向門襟布整燙，另一邊折燙縫份1cm。

30 下襬折燙至完成線，正面壓縫2.5cm寬裝飾線。

34 將表裡領台如圖夾車領片，中心點對齊，車縫1cm。◎表領片上置裡領台。

製作領子

27 門襟布中心線反折，車縫下襬完成線，修剪縫份再翻回正面整燙。

31 取表、裡領片正對正，如圖標示車縫1cm。

35 縫份修小0.5cm，翻回正面整燙。

28 整燙好門襟布與下襬縫份，門襟布正面車縫裝飾線0.2cm。

32 修剪縫份0.5cm，翻回正面整燙，從表領片車縫裝飾線0.2cm。

36 表領台與後衣身片領圍正對正，中心點對齊，車縫完成線。

45 翻回正面整燙，再與袖口正對正，車縫完成線1cm。

46 縫份倒向袖口布，先假縫固定縫份，再正面車縫裝飾線0.2cm一圈，完成袖口布。

47 同步驟38~46，完成另一片袖子。

✂袖子與衣身片接合

48 袖山中心點左右約15cm，完成線內車縫0.2cm及0.5cm兩道車縫線，留線頭拉伸抽皺，使袖山產生蓬型立體感。

41 袖衩貼邊布翻回正面整燙，車縫裝飾線0.3cm。

42 袖片正對正對折，車縫袖脇邊縫份1.2cm，套入燙馬將縫份燙開，並翻回正面。

✂製作袖口布

0.9cm

43 袖口布下方將縫份折燙0.9cm。

44 再折燙中心線，車縫兩側縫份1cm。

37 縫份修小0.3cm，弧度處剪牙口，假縫固定領台，從表領台後中心開始車縫0.2cm裝飾線一圈。

✂製作袖開衩

38 袖衩貼邊布反面畫出袖衩記號線。

39 依紙型袖衩位置與袖片正對正，車縫記號線。

40 如圖Y字剪開袖衩。

40

53 將腰帶環兩側長邊折燙 0.9cm，再對折整燙，左右各壓線0.2cm，共3片。

54 將腰帶環上下折入0.9cm，固定在衣身片脇邊及後中心。◎車縫腰帶環下方時，建議掀起裡布再車縫。

←橫開
6cm
8.5cm
←直開
8.5cm
8.5cm

55 領台及袖口布依紙型位置開鈕眼，門襟如圖位置開鈕眼。◎領台及袖口布鈕眼開橫式，門襟開直式。

56 縫上鈕釦，繫上腰帶即完成。

49 與衣身片正對正，中心點對齊，車縫袖襱完成線1cm，接著再將縫份一同拷克，縫份倒向袖子。◎記得先確認好左右手，前片對前袖，後片對後袖。

50 同步驟48～49，完成另一片袖子接合。

✂ 製作腰帶與腰帶環

折1cm
車1cm

51 腰帶布長邊處皆往反面折燙1cm，如圖正對正對折，車縫短邊處縫份1cm。

52 翻回正面整燙，再折燙中心線，正面壓縫裝飾線0.2cm一圈，腰帶完成。

簡約休閒上衣

穿著輕鬆的短袖上衣，基本款中又帶些小巧思，
領口的變化與配色布的搭配，巧妙結合出帶有特色的休閒上衣。

製作示範／Chloe　編輯／Forig　成品攝影／張詣
完成尺寸／全長63.5cm（Size：F）
model：Angela Lin（165cm，50kg）
難易度／✈✈✈

尺寸表：（單位CM）

全長	63.5cm
肩寬	36cm
袖長	18cm
衣寬（胸圍一圈）	94cm

How To Make

Profile

Chloe

如果要說
有什麼可以在這個繽紛多彩的世界裡
留下感情與溫度的東西
那…一定是手作。

FB 搜尋：HSIN Design 手作

✂ 製作領口

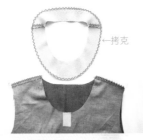

3 將前、後身片正面相對車縫肩膀處並拷克。另外，前、後貼邊布也是正面相對車縫肩膀處後拷克，且外圍也拷克一圈。

1 前、後貼邊布，和前身片中心（寬1cm×長4cm），分別燙上布襯。

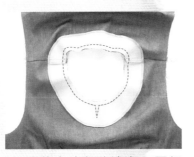

4 再將身片與貼邊布正面相對，車縫領圈。

2 車縫胸褶，從身片脇邊處開始車，開頭要回針，尖點不回針。

5 將領圈縫份修剪至0.5cm，且接前片間點剪開。※注意：勿剪超過完成點。

Materials 紙型 D 面

用布量：主布2尺（150cm寬）、配色布1尺（150cm寬）、薄布襯適量。

裁布：

主布

前身片	紙型	1片
後身片	紙型	1片
袖片	紙型	2片（左右各1片）（下襬縫份3cm）
前貼邊片	紙型	1片
後貼邊片	紙型	1片

配色布

前下襬接片	紙型	2片
後下襬接片	紙型	2片

※以上紙型未含縫份，若紙型無標示縫份數字，皆為1cm。

∽ 製作袖子

13 取袖片正面相對對折，袖脇對齊好車合，並進行拷克。

14 將袖口處往內折燙1cm，再往內折燙2cm，靠邊緣處0.1cm的位置車縫固定。

15 袖片與衣身袖襱正面相對套合，對齊好車縫一圈，並進行拷克。將左右袖車縫好，衣身翻回正面即完成。

9 將其中一組下襬接片與身片正面相對車縫，並將縫份倒向下方整燙。

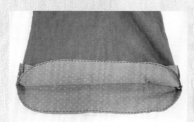

10 將另一組下襬接片和以車縫在身片上的下襬接片，正面相對，下緣處車縫一圈，並將縫份修剪至0.5cm，翻出正面後整燙。

11 將內側的下襬接片上緣部分往內摺燙0.7cm。

12 翻至正面，在身片處沿著下襬接片邊緣壓線一圈。

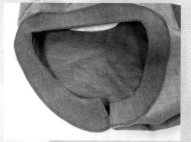

6 將縫份倒向貼邊布，沿貼邊布邊緣0.1cm壓線。※注意：轉角有些地方會車縫不到屬正常現象。

∽ 製作下襬接片

7 前、後身片正面相對，脇邊車縫起來，並進行拷克。

8 取前、後下襬接片的脇邊車縫（注意：下緣部分只車縫到完成處），共完成兩組。

44

功能性時尚女包

不可或缺的功能性女包，永遠不嫌多，
多樣的款式與豐富配色，全都想收藏！

我的浪漫兩用包

帆布 Mix 圖案布！柔嫩的馬卡龍色調，讓人少女心噴發，除了帆布的個性感，還散發著迷人的甜美氣息。抓摺與多隔層的設計，兼具美感與實用性；可以手提、側背，隨心所欲。選搭時下流行的寬版側背帶，時尚率性！換搭細版皮革側背帶，溫柔優雅。不論約會、逛街、休閒，都能完美呈現個人的浪漫魅力。

製作示範／紅豆・林敬惠
編輯／Forig　**成品攝影**／詹建華
示範作品尺寸／寬 25cm× 高 23cm（不含提把）× 底寬 12cm
難易度／♠♠♠♠

Materials

用布量：

圖案布 1.5 尺、日本八號防潑帆布（粉橘）1 尺、日本八號防潑帆布（嫩黃）1 尺、肯尼布約 3 尺。

裁布與燙襯：※ 燙襯可依實際使用素材與喜好做調整。

※ 貼燙二種襯別時，請先燙未含縫份的厚布襯，再貼燙含縫份的洋裁襯。

※ 版型為實版，縫份請外加 0.7cm。數字尺寸已內含縫份 0.7cm，後方數字為直布紋。

部位名稱	尺寸	數量	燙襯參考 / 備註
圖案布			
後表袋下片	紙型 A2	1	厚布襯不含縫份 + 洋裁襯含縫份
側口袋 (表)	紙型 E2	2	厚布襯不含縫份 + 洋裁襯含縫份
前口袋袋蓋 (表)	紙型 C1	1	厚布襯不含縫份 + 洋裁襯含縫份
裡袋上貼邊	紙型 F1	2	厚布襯不含縫份 + 洋裁襯含縫份
裡側身上貼邊	紙型 G1	2	厚布襯不含縫份 + 洋裁襯含縫份
側口袋上貼邊 (裡)	紙型 E1	2	洋裁襯含縫份
袋口連接扣絆布 (裡)	5.5×23cm	1	洋裁襯含縫份
前口袋布裝飾片	21.5×7.5cm	1	洋裁襯含縫份
拉鍊頭尾布	2.6×6cm	4	
織帶裝飾布①	6×20cm	1	寬版側背帶用
織帶裝飾布②	6×130cm	1	
日本八號防潑帆布（粉橘色）			
前、後表袋上片	紙型 A1	2	
表側身	紙型 D	2	
前口袋袋蓋 (裡)	紙型 C2	1	
前表袋下片	紙型 A2	1	
後口袋布裝飾片	21.5×7.5cm	1	
日本八號防潑帆布（嫩黃色）			
側口袋上貼邊 (表)	紙型 E1	2	
袋口連接扣絆布 (表)	5.5×23cm	1	
袋底 (表)	紙型 B	1	洋裁襯含縫份
裡布（肯尼布）			
裡袋	紙型 F2	2	
前、後口袋布	紙型 A3	2	
側口袋 (裡)	紙型 E3	2	
裡側身	紙型 G2	2	
袋底 (裡)	14.5×26.5cm	1	
夾層拉鍊口袋布 (表)	26.5×16cm	4	
夾層拉鍊口袋布 (裡)	26.5×14.5cm	4	
底板布	22.5×26cm	1	

其它配件：

3V 定時塑鋼拉鍊 18cm×2 條、蝴蝶結造型短提把 ×1 組、插扣 ×1 組、側身掛耳 ×2 組、2cm D 環 ×2 個、3mm 塑膠管 55cm×2 條、2.5cm 寬出芽斜布條 55cm×2 條、2mm 的 EVA 軟墊約 25×50cm 一片、厚膠板 (底板用)10 ×23.5cm 一片、鉚釘數組。可調式寬版側背帶：3.8cm 寬織帶 20+130cm、3.8cm 口環 ×1 個、3.8cm 日環 ×1 個、2cm 鉤環 ×2 個、造型 DIY 下片 ×2 組、鉚釘數組。可調式皮革側背帶：1.9cm 無限長皮飾條約 135cm、2cm 鉤環 ×2 個、2cm 日環 ×1 個、1.9cm 束尾夾 ×2 個、鉚釘數組。

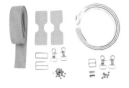

紅豆私房手作
FB 搜尋：林紅豆

Profile

紅豆 · 林敬惠

師承一個小袋子工作室 - 李依宸老師，從基礎到包款打版，注重細節與實作應用，開啟了手作包創作的任意門。愛玩手作，恣意揮灑著一份熱情與天馬行空的創意，著迷於完成作品時的那一份感動，樂此不疲！
2013 年起不定期受邀為《Cotton Life 玩布生活》手作雜誌，主題作品設計與示範教學。
2018 年與李依宸合著《1+1 幸福成雙手作包》一書。
2019 年《浪漫輕巧掀蓋包》合輯。

09 順著摺子，沿邊 0.2cm 的地方，壓約 4cm 的延長固定線。

05 翻到背面，將口袋布往上摺對齊袋口，先車縫口袋布兩側。

製作前、後表袋身

01 取前口袋布裝飾片與前口袋布 (A3) 正面相對，車縫接合於前口袋布的下方（強力夾處）。

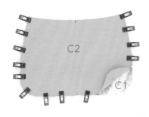

10 將袋蓋表布 (C1)、袋蓋裡布 (C2) 正面相對，車縫 U 形邊。

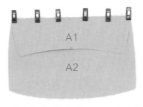

06 取前表袋上片 (A1) 與前一步驟的前表袋下片 (A2) 正面相對，車縫組合（強力夾處）。

02 縫份倒向口袋布，並沿邊壓裝飾線。

11 縫份修小後，翻回正面，沿邊壓線。

07 翻回正面，縫份倒向上片，並沿邊壓線。

03 前表袋下片 (A2) 與前口袋布，正面中心點相對，車縫袋口 U 形弧度處後，將縫份修小並剪牙口。

12 將袋蓋置中疏縫於步驟 7 完成的前表袋上方。

08 取袋蓋（表）依摺子記號處，往中間方向拉摺並疏縫固定。

04 翻回正面，於弧度處沿邊壓線。

21 翻回正面,縫份倒向貼邊,沿邊壓線。

22 取側口袋(裡)與側口袋上貼邊(裡)正面相對,於弧度處剪牙口車縫組合。

23 翻回正面,縫份倒向口袋裡布並沿邊壓線。

24 將完成的側口袋表、裡布正面相對,車縫組合袋口處。

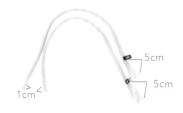

5cm
5cm
1cm

17 取 55cm 的 3mm 塑膠管與 2.5cm 出芽斜布條,將塑膠管夾入斜布條中,前端留 1cm 不車,尾端留 5cm 不車,共完成 2 條出芽條。

2.5cm

2.5cm

18 於前、後表袋身兩側距袋口 2.5cm 完成出芽滾邊,並將多餘的出芽條剪掉。

製作表側身

19 側口袋(表)依摺子記號處先疏縫固定。

20 與側口袋上貼邊(表)正面相對,於弧度處剪牙口車縫組合。

13 準備好後表袋與後口袋布等裁片,依步驟 1 ～ 7,完成後表袋與後口袋的製作。

14 取袋底 (B) 與前表袋正面相對車縫組合(如強力夾處),弧度處請剪牙口。

15 縫份倒向袋身,並沿邊壓線。

16 另一側與後表袋正面相對並車縫組合,請依步驟 14 ～ 15 完成。

33 另一側作法亦同，即完成表袋身的組合。

29 翻回正面，將兩側的縫份往內折燙。

25 翻回正面，沿袋口壓線，並疏縫U形邊將表、裡布固定。

製作裡袋與拉鍊夾層口袋

34 裡側身上貼邊與裡側身正面相對，車縫組合後縫份倒向裡側身，並沿邊壓線，共完成 2 片。

30 再沿三邊壓裝飾固定線。（壓雙線會更漂亮喔～）

26 置中疏縫固定於表側身下方。

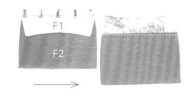

35 裡袋上貼邊與裡袋正面相對，車縫組合後縫份倒向裡袋，並沿邊壓線，共完成 2 片。

31 將袋口連接扣絆置中疏縫固定於後表袋上方袋口處（正面相對）。

27 另一側作法相同，請依步驟 19 ～ 26 製作，共完成 2 個。

32 表側身與表袋身對齊中心點，正面相對車縫組合（強力夾處），弧度處請剪牙口。

組合表袋

28 取袋口連接扣絆布，表、裡正面相對車縫下方（如圖標示），高約 5cm 即可，並修剪二側轉角處的縫份。

36 取一片拉鍊頭尾布與 18cm 的拉鍊，對齊布邊正面相對，再距拉鍊頭尾布邊 1.3cm 的地方車縫固定。

45 將夾層拉鍊口袋表、裡布，兩側對齊疏縫固定。

46 將完成的夾層拉鍊口袋，置中疏縫固定於步驟 35 完成的裡袋上。並以裡袋尺寸為標準，將兩側多餘的拉鍊口袋布順修剪掉。

47 請依步驟 40 ～ 46 製作另一片裡袋，完成前、後裡袋身共二片。

48 裡袋底兩側分別與前、後裡袋身正面相對車縫組合，其中一側需預留約 15cm 的返口。

41 再取一片夾層拉鍊口袋裡布，正面相對夾車拉鍊。

42 翻回正面，沿拉鍊邊壓線。

43 拉鍊另一側的作法相同，請依步驟 40 ～ 42 製作完成。

44 翻開表布，將中間二片夾層拉鍊口袋裡布的袋底（如強力夾處）車縫組合。

37 翻到背面，將拉鍊頭尾布的尾端往拉鍊對折 2 次，請留意最後要蓋住前一步驟車縫的固定線。

38 翻回正面後壓線，完成包邊。

39 拉鍊的另一端亦同，依步驟 36 ～ 38 完成 2 條拉鍊，共四端的頭尾包邊。

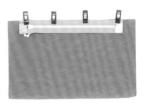

40 取前一步驟完成包邊的拉鍊，正面相對置中於夾層拉鍊表布的上方，先車 0.5cm 疏縫固定（如強力夾處）。

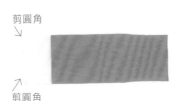

57 翻回正面後將厚膠板（四周請剪圓角）置入底板布中，並將返口以藏針縫縫合。

53 在袋口連接扣絆布上與前表袋相對應位置，安裝插扣。

49 取一片步驟 34 完成的裡側身正面相對並對齊中心點，車縫組合（如強力夾處）。

58 製作可調式皮革側背帶：取皮飾條將一端先套入日環，並於尾端夾上束尾夾後，以鉚釘固定。

54 於側邊安裝 D 環掛耳，並於袋口適當對應位置安裝短提把。※ 因前表袋有袋蓋較厚，所以固定提把的鉚釘腳徑要比較長，前表袋上方紅豆使用的是腳徑 12mm，下方使用 10mm，後表袋則均為 8mm，提供參考。

50 另一側亦同，完成裡袋組合。

組合袋身

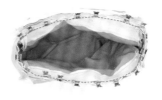

59 再依圖示，另一端先套入鉤環再穿回日環，最後再套入另一個鉤環後，尾端夾上束尾夾，以鉚釘固定之，完成可調式皮革側背帶。

55 由返口處置入 EVA 軟墊（如版型），於前後、表裡袋身之間的 U 形位置中（請鋪平），並縫合返口。

51 將表、裡袋正面相對，車縫袋口一圈。

60 製作可調式寬版側背帶：取織帶裝飾布①，如圖向內折整燙後，置中車縫固定於 20cm 的織帶上。

56 取底板布短邊對折車縫長邊，再將縫份置中後車縫其中一側短邊。

52 翻回正面整理整燙後，沿袋口壓線一圈。※ 請留意壓線時，要將前口袋袋蓋與袋口連接扣絆布掀開，不要壓到喔！

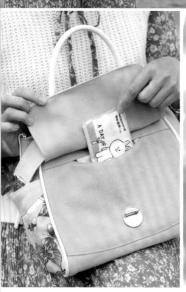

61 取鉤環套入造型 DIY 下片裡，再將前一步驟的織帶對折套入口環後，尾端夾入下片中，並以鉚釘固定。

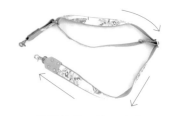

62 再取另一條織帶，依步驟 60 先車上織帶裝飾布後，套入前一步驟的口環，接著穿入日環，尾端反折後以鉚釘固定。

63 織帶的另一端，也穿入日環，並夾入已套入鉤環的造型 DIY 下片中以鉚釘固定。則完成寬版側背帶。

64 置入底板就完成囉！

百變女郎手提包

生活在快節奏的社會，
也會想要來一場說走就走的旅行，
帶著平時使用的包和心愛的家居鞋，拖著行李就出發，
讓你到哪都有家的感覺。

製作示範＆拍攝／Pauline Zhang
編輯／Forig
示範作品尺寸／寬 36cm× 高 38cm（不含底層 28cm）× 底寬 17cm
難易度／♠♠♠♠

Materials

用布量：

表布：圖案布、素色布、圓點布各 0.5 碼、厚布襯 1 碼、薄布襯 1 碼。

裡布：肯尼布 1 碼。

※ 本作品使用的是棉布和棉麻布，版型不含縫份，請自行加 0.7cm 縫份，厚布襯不需要加縫份；數字尺寸已含 0.7cm 縫份，如使用不同材料，請自行調整布襯。裡布是肯尼布，不需要燙襯。後方尺寸為直布紋。

部位名稱	版型	數量	厚布襯	薄布襯
托特包				
前主袋身 A（圖案布）	版型 A	1	1	1
前口袋布（圓點布）	22cm×64cm	1		
前口袋袋蓋 B（素色布）	版型 B	2	1	2
前主袋左側（素色布）	18.5cm×28cm	1	1	1
後主袋身中 C（圖案布）	版型 C	1	1	1
後主袋身兩側（素色布）	15cm×28cm	2	2	2
包底 D（素色布）	版型 D	1	1	1
後拉鍊口袋布（圓點布）	22cm×40cm	1		
裡上貼邊（圓點布）	5.5cm×48.5cm	2	2	2
活動拉鍊袋（圓點布）	21.5cm×14cm	1		1
活動拉鍊袋（圖案布）	21.5cm×14cm	1		1
活動拉鍊袋小提手（圖案布）	4cm×22cm	1		
拉鍊口布（圖案布）	29cm×15cm	2		2
拉鍊擋片（圓點布）	4cm×6cm	4		
底層（鞋盒）				
前盒身（圓點布）	版型 E	1	1	1
後盒身（圓點布）	9.5cm×48.5cm	1	1	1
盒底（素色布）	版型 D	1	1	1
盒底（圖案布）	版型 D	1	1	1
鞋盒提手（素色布）	10cm×30cm	1		
鞋盒提手（圖案布）	8cm×30cm	1		
拖特包＋鞋盒（肯尼布）				
托特包裡主袋身	48.5cm×24cm	2		
包底	版型 D	3		
鞋盒側身	9.5cm×48.5cm	2		
滾邊條（斜布紋棉布）	4cm×3m	1		

※ 托特包裡口袋自由發揮。

其它配件：

托特包合成皮 / 皮提手 ×1 組、撞釘＋插式強力磁扣（扣面 1.4cm，插式磁扣 1.8cm）×3 組、腳釘（1cm）×10 個、8×8mm 鉚釘 ×15 組、小掛耳 ×1 個、內徑 1cm D 環 ×1 個、內徑 1cm 龍蝦扣 ×1 個、皮片 3.5cm×4.5cm×2 個、3V 拉鍊 15cm 長 ×2 條、3V 拉鍊 35cm 長 ×1 條、3V 拉鍊 50cm 長 ×1 條、3V 夾克拉鍊 9cm 長 ×2 條、5V 夾克拉鍊 45cm 長 ×2 條、2.5cm 寬的馬口夾 ×2 個、自黏 2mm 厚 Eva 軟墊 36cm×50cm×1 份、奇異板塑型襯單面帶膠 1mm 厚 18cm×42cm×1 份。

Profile

Pauline Zhang

從小喜歡手作，擁有自己的手作店是我一直的夢。

五年前當我住在法國的時候，一間美麗的手作材料店改變了我的生活，我買了人生的第一塊布，手作旅程就這樣開始了。我每天都有新的想法，甚至開始在當地的手工店販售我的成品，並且和法國的手工店主一起參加手作展，那些經歷讓我永生難忘。

2015 年，我們全家搬回童話的國度－丹麥，我開了手作材料網店，並且在當地有名的手工學校教授做包包和布盒的製作。手作已經成為我生活中不可或缺的部分，我享受並快樂著。

製作袋底

07　把前口袋布翻至前主袋身背面，熨燙後臨邊壓線 0.2cm。

04　將步驟 3 與一片包底裡布背對背疏縫，縫份不得超過 0.5cm。

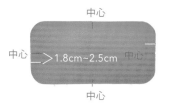

01　素色包底燙好布襯後找出 4 個中心點（長邊 2 個，短邊 2 個），在短邊距離中心點 1.8 ～ 2.5cm 的地方做標記（根據自己的拉鍊的鬆緊度來調整，不同質地的拉鍊鬆緊略有區別，先車一條並量好距離標註另外一邊，以這個為基準，標註好接下來都需要車拉鍊的地方），左右兩邊需要錯開，車拉鍊時要拉緊拉鍊。

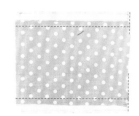

08　對折前口袋布，先疏縫兩邊，再固定袋口的位置。

05　將滾邊條以縫份 0.5cm 在裡布的位置疏縫一圈，滾邊正面與裡布正面相對。再用珠針將滾邊條在四個有弧度的位置固定好。

製作前袋身

02　取出 5V 夾克拉鍊的子鍊，按照圖中所示，車在包底，只車縫份 0.5cm，拉鍊的反面與布的正面相對，拉鍊頭反折，拉鍊上止對準標記位置。

09　取出兩片袋蓋，燙有厚布襯的那片為表布，兩片正面相對車縫 U 型位置，頭尾回針，並用鋸齒剪修窄弧度的縫份。

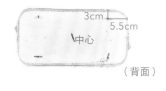

10　袋蓋翻至正面，整燙後在 U 型位置臨邊壓線 0.2cm。

06　將前口袋布與前主袋身正面相對，一邊的短邊對齊，車縫紙型標示的位置，並在弧度位置用鋸齒剪修窄縫份。

03　裁一份比包底版型小 0.3cm 的奇異板塑形襯並燙在包底的背面，按照圖標示位置裝上 5 個腳釘。

19 取出 9cm 夾克拉鍊，在距離底部 5cm 的位置將拉鍊車縫在後主袋身的兩側，拉鍊背面與布的正面相對，左邊車子鍊，右邊母鍊。

15 後口袋拉鍊袋布和後主袋身中正面相對，按照紙型標示位置，畫出並車縫 15.5×1.2cm 的長方形框。拉鍊布距離拉鍊框 3cm。

11 找出袋蓋與前主袋身口袋邊的中心點，並車縫固定。

20 將步驟 19 與後主袋身的兩側組合，縫份倒向兩側，並在兩側臨邊壓線 0.2cm。

16 框內中心剪一道，接近兩邊剪 Y 型，注意要盡可能剪至角落，但是不能剪到車縫線。

12 在合適的位置裝好撞釘＋插式磁扣，這裡需要注意的是撞釘與磁扣公扣安裝在袋蓋，插式母扣安裝在口袋位置，不要穿過口袋布。

21 組合表主袋身，縫份攤開，兩邊都要臨邊壓線 0.2cm。

17 將拉鍊口袋布從洞中穿至後主袋身中背面，並將縫份倒向口袋布，沿方框內兩長邊臨邊壓線 0.2cm（注意這個車縫線是不透到表布的），最後整燙。

13 磁扣安裝好後，將口袋的另一邊與前主袋身疏縫在一起，疏縫縫份不得超過 0.5cm，最後修剪掉多餘的布。

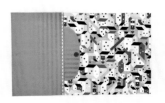

22 內裡主袋身根據自己的需要做好內口袋。

18 將 15cm 拉鍊放至長框中間，注意拉鍊頭的方向，可以根據自己的習慣安排，車縫一圈固定好拉鍊。拉鍊布對折，先將上方開口固定，兩側可與後主袋身中的兩側疏縫固定。

14 將前主袋身的左側素色布與前主袋組合好，翻至正面，縫份倒向左側素色布底並在素色布臨邊壓線 0.2cm。

31　安裝內掛耳。

組合表裡袋身

32　將內袋與外袋套合，正面相對，車縫袋口一圈。

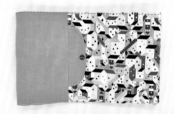

33　翻至正面，臨邊壓線 0.2cm，並將袋底的表布與裡布疏縫一圈，並找出四個與包底相對應的中心點，做好標記。

34　袋身和包底四邊中心對齊好車縫一圈。

27　翻至正面，三邊臨邊壓線 0.2cm。另一邊做法相同。

28　將拉鍊口布中心點對齊裡主袋身中心點並疏縫固定。

29　連接兩片內袋上貼邊，縫份燙開，臨邊壓線 0.2cm。

30　將內袋上貼邊與內裡主袋身結合，縫份倒向內袋上貼邊並臨邊壓線 0.2cm。

23　組合兩片內裡主袋身，將縫份攤開，臨邊壓線 0.2cm。

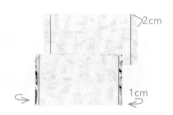

24　在燙好薄布襯的拉鍊口布背面距離短邊 2cm 的位置畫標示線，再對準標示線往回折並熨燙好。

25　分別標好拉鍊口布長邊和 50cm 拉鍊的中心點，將拉鍊中心點對準拉鍊口布的中心點，疏縫 0.5cm 固定。

26　將拉鍊口布另一邊反折對齊，車縫縫份 0.7cm 固定。

43 剩下的 9cm 夾克拉鍊按照圖片標示，分別車縫在表布的左右兩側，注意左邊母鍊，右邊子鍊，先不要車到裡布，拉鍊距離底部 4cm，拉鍊正面與圓點布的正面相對。

39 取裡布夾車拉鍊，並修剪多餘的拉鍊擋布。

35 取下固定滾邊的珠針，將滾邊往內折 0.7cm，完成內滾邊，這裡請自行選擇車縫或者手縫固定。

44 分別車合拉鍊袋表布與裡布。

40 翻至正面，臨邊壓線 0.2cm。另一邊方法相同。

36 將托特包翻至正面，利用皮片將拉鍊的兩頭固定在側邊的中心。

45 翻至正面整燙，圖案布留至距離拉鍊 2cm。

製作活動拉鍊袋

（固定行李箱拉桿）

41 將活動拉鍊袋小提手短邊往中心折兩次，長邊臨邊壓線 0.2cm。在提手一邊按照圖片安裝好龍蝦扣。

37 將 15cm 的頭尾車好拉鍊擋布，並翻至正面四周臨邊壓線 0.2cm。修剪擋布兩側多餘的縫份。

46 打開拉鍊，將拉鍊袋翻至裡面，左右各車 0.7cm 固定。

42 提手另一邊固定在圖案布上，距離拉鍊 1cm 的地方。

38 將拉鍊與圓點活動拉鍊袋布車合，中心點對齊，拉鍊正面與圓點布正面相對。

55 疏縫前盒身表布和裡布的兩個長邊，注意頭尾的 8cm 不要車縫；同樣疏縫後盒身表布和裡布的兩個長邊，頭尾 8cm 不要車縫。

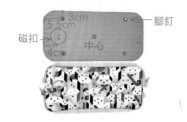

51 依圖示位置在素色布盒底安裝好 5 個腳釘和一個插式磁扣（母扣），在圖案布盒底安裝一個插式磁扣（母扣）。

47 翻回正面，整燙好，左右臨邊各壓線 1cm，最後在提手的位置如圖打上一個鉚釘固定。

鞋盒

製作底層

56 前盒身表布與後盒身表布，兩塊裡布分別車合短邊。表布短邊縫份與裡布短邊縫份錯開並臨邊壓線 0.2cm，疏縫剩下的長邊。

52 將素色盒底和圖案布盒底分別與盒底裡布疏縫一圈，並按照步驟 5 車上滾邊條。

48 素色盒底和圖案布盒底燙好襯後找出四個中心點。

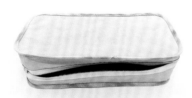

57 將盒身與盒底組合，做法可以參考步驟 34～35。這裡需要注意兩個磁扣的方向，磁扣需要在同一邊，組合的時候拉鍊一定要拉開。

53 取出燙好布襯的前盒身表布和裡布，正面相對，按照紙型車一個 35.5cm×1.2cm 的長方形框。

49 取出 5V 夾克拉鍊的母鍊，按照圖中所示，車在圖案布盒底，只車縫份 0.5cm，拉鍊的反面與布的正面相對，具體方法請參考步驟 1～2。

58 將燙好薄布襯的鞋盒提手素色布與圖案布分別將短邊往中心折一次，再對折一次燙好。

54 請重複步驟 16～18。

50 裁兩片比盒底版型小 0.3cm 的厚 2mm 的 EVA 自黏軟墊，並分別貼在兩片盒底的反面。

59　將圖案布放至素色布上面，中心對齊，長邊臨邊壓線0.2cm。

馬口夾
2cm　　　　　2cm
磁扣

60　兩個短邊安裝馬口夾和撞釘磁扣的公扣，磁扣距離短邊2cm。

61　車好的鞋盒提手扣上鞋盒即完成。

關於包包使用方法

托特包平時可以單獨使用，背後掛行李的小包可以掛在托特包裡面收納小物品。出門旅遊的時候通過夾克拉鍊把鞋盒與托特包組合一起。將小包的夾克拉鍊組合就可以掛在登機箱上，另外小提手可以在拉桿上繞一圈，雙重固定。

格紋雙拉鍊多功能包

如馬賽克藝術般的格紋設計，吸睛卻不花俏，在低調中又保有特色。雙層拉鍊袋的設計，收納隨身物品時更方便，後方可拆式口袋，可置物，也可固定在行李箱上，出差或出遊皆可帶上它，想斜背或後背都沒問題！

製作示範／鍾嘉貞

編輯／ Forig　**成品攝影**／詹建華

示範作品尺寸／寬 31cm× 高 28cm× 底寬 10cm

難易度／♠ ♠ ♠

Materials

紙型 C 面

用布量：

表布（花布）2 尺、配布（素帆布）1.5 尺、裡布 2 尺、厚布襯 3 尺、洋裁襯 3 尺。

裁布：

表布

前下片	紙型	1 片（燙厚布襯）
後口袋	紙型	1 片（燙厚布襯）
裡布側身	紙型	2 片（燙洋裁襯）
拉鍊擋布	W 8×L 4cm	1 片

◎前片內裡口袋、後片內裡口袋可依個人喜好來製作，示範作品用前下片的版型來製作內口袋。

配色布

表布側身	紙型	2 片
後片表布	紙型	1 片
前上片	紙型	1 片
袋蓋	紙型	1 片
袋蓋小圓片	W 7.5×L 7.5cm	2 片（1 片燙實版厚布襯）
帶絆	W 6×L 6cm	1 片
小 D 環帶絆布	W 3.5×L 24cm	1 片

裡布

前片裡布	紙型	1 片（燙洋裁襯）
後片裡布	紙型	1 片（燙洋裁襯）
拉鍊口袋內裡	紙型	4 片（上端 5cm 處燙洋裁襯）

※ 以上紙型、數字尺寸皆已含縫份 0.7cm。

其它配件：#5 塑鋼拉鍊 30cm×3 條（也可以選用 25 cm×2 條＋ 30cm×1 條）、1.5cm D 型環 ×4 個、18mm 撞釘式磁釦 ×2 組、活動式釦環 ×1 個、背帶 ×2 組。

Profile

鍾嘉貞

一個熱愛縫紉手作的人，喜歡手作自由自在的感覺，
在美麗的布品中呈現作品的靈魂讓人倍感開心。
現任飛翔手作縫紉館才藝老師。

飛翔手作有限公司
http://sewingfh0623.pixnet.net/blog
新北市三重區重新路三段 89 號 2 樓之四
（菜寮捷運站 3 號出口）
02-2989-9967

09 翻回正面壓臨邊線，上端直線先不壓線。

製作袋蓋

05 取燙襯的袋蓋小圓片，找出中心，以 45 度角畫出 1.5cm 菱格紋，並用同布色線壓線。再取另一片正面相對，沿著襯的邊緣車縫，用鋸齒剪刀修剪弧度處縫份。

前置準備

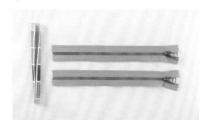

01 前／後袋口拉鍊：從上止片處量 25cm 後將多餘的拉鍊剪掉。取拉鍊擋布折燙成滾邊條。

製作表前片

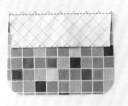

10 取前上片和前下片正面相對車合。

06 翻回正面沿邊壓臨邊線，上端直線處不壓線。

02 將拉鍊尾端用拉鍊擋布包邊處理。

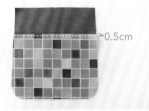
→0.5cm

11 縫份倒向前下片，正面壓 0.5cm 裝飾線固定。

07 將袋蓋小圓片置中疏縫 0.5cm 在表袋蓋上。

03 車縫格紋壓線：表布側身 2 片正面相對車合，縫份燙開。同做法完成裡布側身。

製作表後片

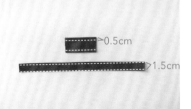
→0.5cm
→1.5cm

12 取帶絆，兩側往中心折燙後從正面壓 0.5cm 固定。取小 D 環帶絆布，左右兩側往內折燙，完成寬度為 1.5cm，從正面壓臨邊線固定。

返口

08 袋蓋正面相對對折，依紙型畫出袋蓋形狀後車縫，在側邊直線上端留出約 8cm 返口，並用鋸齒剪刀修剪弧度處縫份。

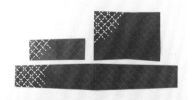

04 將表布側身、前上片、袋蓋找出中心，以 45 度角畫出 2.5cm 菱格紋，並用同布色線壓線。

21 後口袋口往下 2cm 處釘上 14mm 撞釘磁釦（公釦），母釦則釘在相對應位置。上端的帶絆則可穿入活動式單圈（後背時使用，肩背或是斜背包則可以取下以減輕包包的重量）。

22 後片完成。

製作裡袋身與組合

23 依個人喜好完成內裡口袋的製作。

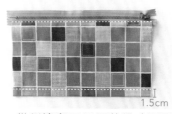

17 從側邊翻回正面整燙（不要燙到塑鋼拉鍊齒以免拉鍊損壞），拉鍊邊緣壓臨邊線。折雙線往下畫 1.5cm 壓裝飾線。

18 將後口袋拉鍊對齊紙型上的記號，從下往上 6.5cm 處記號線，車縫 0.7cm 固定，在拉鍊布條邊緣可車密的鋸齒縫讓拉鍊邊緣更牢固。

19 將後口袋往上翻折，左右兩側縫份疏縫固定。

20 取 2 片小 D 環帶絆套入 D 型環對折，疏縫固定在拉鍊下方。

13 將小 D 環帶絆布剪成 W 3.5×L 6cm，共 4 片。

14 取車好的帶絆對折後置中於後片表布上往下 2cm 處，疏縫固定。

15 再從上方往下 3cm 處畫出記號線，將袋蓋邊緣對齊記號線先車縫臨邊線，修剪帶絆縫份成 0.4cm 後，再車縫 0.7cm 的裝飾線。

16 取後口袋布正面相對對折，夾車 30cm 拉鍊。

24 取前片表布與拉鍊口袋內裡夾車前袋口拉鍊（置中對齊）。

33 翻回正面整燙平整，短邊處壓 0.5cm 裝飾線，長邊疏縫 0.5cm 固定。

29 拉鍊口袋內裡在拉鍊左右邊沒有壓線，只有正面壓線。

25 翻回正面，沿拉鍊邊壓線固定。

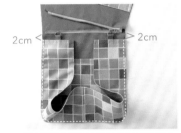

2cm ← → 2cm

34 將側邊布對齊前片表布兩側上方往下 2cm 處，疏縫固定，弧度剪牙口。

30 前、後片表裡夾車拉鍊完成圖。※ 請留意拉鍊閉合時的方向。

26 再取前片裡布與拉鍊口袋內裡夾車拉鍊另一邊。

返口

35 前片表布和裡布正面相對，2 片拉鍊口袋內裡也正面相對，車縫四周 0.7cm，拉鍊口袋內裡底端可車圓弧，袋底留約 20cm 返口。

製作側身與組合

31 將另 2 片小 D 環帶絆套入小 D 環後對折疏縫在表側身中心處。

27 一樣翻回正面，沿拉鍊邊壓線固定。

36 用鋸齒剪刀修剪裡布袋底縫份。

32 取裡側身與表側身正面相對，依圖示車縫兩短邊。

28 同做法完成後片表、裡布與拉鍊口袋內裡夾車拉鍊的製作。

41 準備兩條背帶（長度可依個人身高來調整約 4 ～ 5 尺長度）。

37 翻回正面的樣子。

42 扣上背帶即完成。※ 也可一條背帶扣兩側 D 環，側背使用。

38 同做法完成後片的接合。

39 將拉鍊口袋內裡整燙好，在返口處藏針縫或是車縫臨邊線固定。

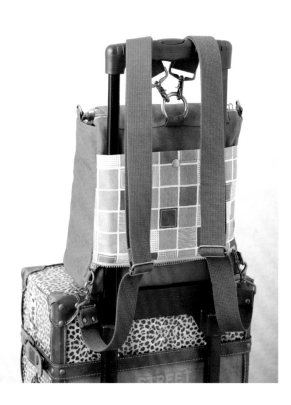

40 翻回正面先整理整燙好袋型。袋蓋小圓片找出中心線，在邊緣往上 1.8cm 處釘上 14mm 撞釘式磁釦（公釦），前下片對應位置釘上母釦（要打開前片拉鍊再釘釦）。※ 釘釦位置 1.5 ～ 2cm 均可，儘量避開格紋壓線，以免車線脫落。

個性風衣式洋裝・紙型索引（B面）

前裙片

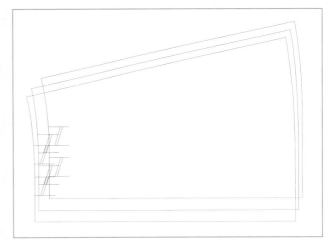

後裙片

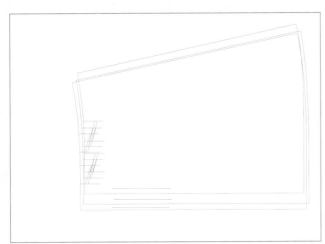

（裡）後裙片

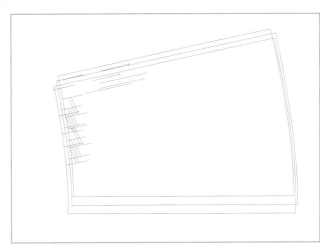

（裡）前裙片

前片、後片、袖子、口袋布、袖衩貼邊

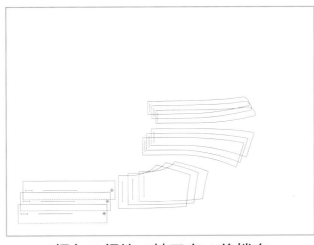

領台、領片、袖口布、後擋布

必備實用小包

想要輕便出門的首選，只需將重要物品帶上，
沒有過多的負擔，心情也跟著輕鬆愉快起來。

森活趣
寬背帶夾層斜背包

春天來了，喚醒森林裡冬眠的小動物，你是否也一同呼吸著溫暖的空氣，一掃冬日的疲憊？

把適合春日的森林圖案主題布，做成隨身小包，為你帶來清爽的感覺；多夾層的設計，更輕鬆俐落的收納小物。再做一條減壓寬背帶給自己吧！舒緩一下肩膀的負擔～

製作示範／胖咪・吳珮琳　編輯／Forig　成品攝影／蕭維剛

完成尺寸／約寬23cm×高18cm×底寬5.5cm（不含前後立體口袋底部寬）　難易度／🧵🧵🧵🧵

70

Materials 紙型 B 面

用布量參考：
森林圖案防水布：↔ 80cm × ↕ 40cm
帆布：↔ 21cm × ↕ 24cm
黃色條紋防水布：↔ 125cm × ↕ 66cm
格紋棉麻布：↔ 14cm × ↕ 78cm

夾層袋身｜可當錢包用，內為夾包設計，方便放卡片、發票、現金、零錢等。

裁布：
※紙型未含縫份，請另加1cm縫份，數字尺寸已含1cm縫份。

部位名稱	紙型／尺寸	數量／用布	部位名稱	紙型／尺寸	數量／用布
袋身A	A上	1/森林	拉鍊擋布	② ↔ 19cm × ↕ 10cm	1/森林
	A下	1/森林	卡層布	③ ↔ 19cm × ↕ 66cm	1/黃條
	A	1/黃條	壓縫份布	④ ↔ 4cm × ↕ 14cm	2/黃條
袋身B	B	1/森林	拉鍊擋布	⑤ ↔ 44cm × ↕ 10cm	1/森林
	B	3/黃條	斜布條	⑥ ↔ 5cm × ↕ 85cm	2/隨意
側片	C	2/黃條	拉鍊布	⑦ ↔ 17cm × ↕ 20cm	4/黃條
袋蓋	D上	1/帆布	硬襯	⑧ ↔ 17cm × ↕ 8.5cm	4
後口袋	D下	1/森林	背帶布	⑨ ↔ 14cm × ↕ 78cm	1/格紋
後袋身	D	1/黃條	EVA布	⑩ ↔ 5cm × ↕ 70cm	1
口袋布	① ↔ 16cm × ↕ 20cm	2/黃條			

※尺寸後方為直布紋。

前方小口袋｜可放時常需要拿取的悠遊卡。

其他配件：
5V碼裝加寬（布寬約4cm）拉鍊：50cm×1條、25cm×1條（皆含拉鍊頭＋拉齒＋上/下止的長度）。
3V定吋拉鍊：13cm（5吋）×1條、15cm（6吋）×2條。
4cm寬：日型環×1個、口型環×1個、織帶40cm×1條。
2cm寬：背帶鉤×2個、皮條26cm×1條、皮尾束夾×2個、口型環×2個。
配合2cm口型環的皮下片（最寬處3cm×長8.5cm）×2片。
配合4cm織帶及2cm背帶鉤的皮下片（最寬處4.2cm×長11.5cm）×2片。
皮拉鍊片×2條、調整型皮扣×1組、鉚釘數組。

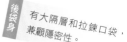

後袋身｜有大隔層和拉鍊口袋，兼顧隱密性。

Profile 胖咪 · 吳珮琳

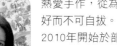

熱愛手作，從為孩子製作的第一件衣物開始，便深陷手作的美好而不可自拔。
2010年開始於部落格分享毛線、布作、及一些生活育兒樂事，也開始專職手工布包的客製訂作。
2012年起不定期受邀為《玩布生活雜誌》製作示範教學。
2015年與kanmie合著《城市悠遊行動後背包》一書。
2019年與Kanmie合著《超帥氣！城市輕旅萬用機能包》一書。

Xuite日誌：萱萱彤樂會。胖咪愛手作
FB搜尋：吳珮琳

9 依照紙型A單摺記號將底角摺好並車縫固定。

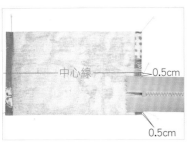

10 取50cm拉鍊，如圖置於拉鍊擋布②上。

11 將②對摺，包住拉鍊布尾車合起來。

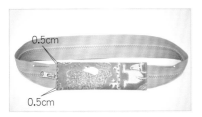

12 另一側拉鍊布尾也依同法車合。拉鍊兩側如圖皆有0.5cm的空隙。

5 翻到正面，於袋口下方車壓一道線（頭尾需回車）。

6 翻到背面，將①往上摺與A上縫份邊緣平齊，暫用珠針固定。

7 車合口袋兩側。如圖先將A往中央摺，露出①縫份後較易車縫。

8 翻到正面，如圖車壓，使其餘縫份固定。
※袋口兩側要加強車縫。

製作夾包袋身

1 將①與A下片彼此正面相對、中央對齊，除縫份外車合起來（頭尾需回車）。

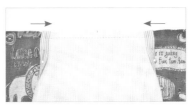

2 ①兩側縫份往內摺，暫用珠針固定。

3 擺放A上片正面相對，車合兩側，注意不要車到①。

4 再將①由袋口拉往背面。並刮開縫份。

21 依照紙型C之山線，在布上用消失筆做上記號。完成二片C。

17 接著置於一片裡B上，中線處及底部皆對齊後，車合起來。

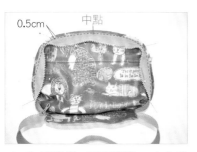

0.5cm　中點

13 接著與A正面相對、中心點對齊後，先將拉鍊往兩側順型疏縫起來，拉鍊與A的邊距為0.5cm。

裡B

側片對齊處

C

22 在有卡層的裡B，依照紙型側片對齊處，放上C對齊，並車合一側。另一片C依同法車於另一側。

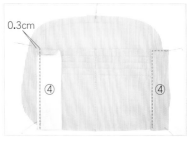

0.3cm

④　④

18 取④上緣往內摺1cm後，與③的邊緣對齊車合0.3cm；再分別往左／右摺好車合起來。

中點

14 疏縫至下方，可於拉鍊擋布剪牙口以利順順對齊。
※注意不能剪到拉鍊布只能剪擋布。

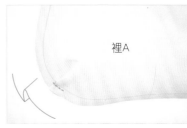

裡A

23 取裡A，由內裡面依照紙型畫上單摺記號，摺合並車縫起來。
※由內裡面畫摺，表裡布凸出的方向才會一致。

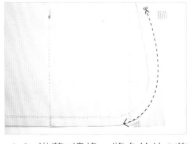

19 沿著B邊緣，將多餘的④剪去，完成有卡層的裡B。

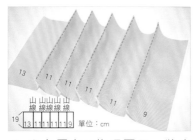

13　11　11　11　11

山線 山線山線山線

19
13　11 11 11 11 9

單位：cm

15 卡層布③依照圖示，將山線處摺起，並車縫起來。

裡A

側片對齊處

24 再接著畫上側片對齊處，對齊二片C還未車合的那一側，車合起來。

20 將C摺半，上下緣對齊車合，再剪去0.5cm縫份，之後翻回正面，四周壓線。

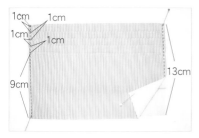

1cm　1cm

1cm

1cm

9cm

13cm

16 長13cm那側為底，將山線處相距1cm摺合起來並疏縫。

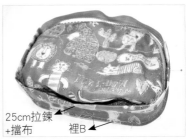

33 接著與步驟31的裡B正面相對，依步驟13~14的方法車合（與31車合的是同圈）。

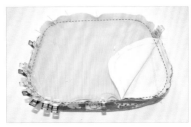

34 取另一片裡B，與有卡層布的裡B背面相對，並車合。

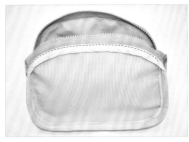

35 取斜布條⑥將其包邊起來。再將上緣包邊往下壓，邊距0.2cm再車壓一道線。
※這樣拉鍊會更順，不會卡到包邊布。

製作後袋身

36 取D上與D下，接合處縫份對齊車合。如圖示，將D上置於上方比較好車。

29 在正面用珠針往縫份處下針，暫時固定表裡布。

30 接著壓線一圈，返口的縫份也順便車合固定了。

31 將另一側還未車的拉鍊布與有卡層布的裡B，依步驟13~14的方法車合起來。

製作中間袋身

32 取25cm拉鍊，與拉鍊擋布⑤，依照步驟10~12的方法車合。

25 裡A裡B與C接合完成的樣子。

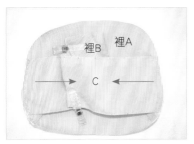

26 接著把裡B、C往內壓縮，露出裡A的縫份。

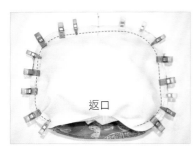

27 取步驟14車完成一半的拉鍊，與裡A縫份正面相對齊，夾車步驟14同一圈拉鍊布，底留返口。

28 翻正後，將返口處的裡A縫份內摺(約0.7cm)後，使其邊緣超過原本的縫份邊緣。

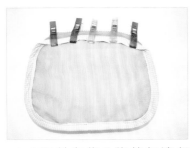

45 取斜布條⑥將其包邊起來。再將上緣包邊往下壓，暫夾住。

46 再於正面，邊距0.2cm車壓一道線。

製作拉鍊夾層

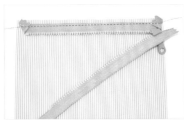

47 取二片⑦，將15cm拉鍊布端往內摺起，與一片⑦上緣正面相對齊，疏縫起來。

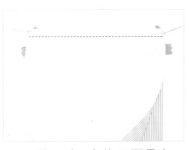

48 另一片⑦上緣正面疊上，夾車拉鍊。

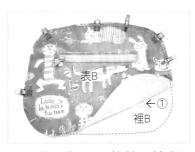

表B
←①
裡B

41 取①與13cm拉鍊，於表B製作一字拉鍊口袋。接著與一片裡B背面相對車合起來。

42 將D下與表B如圖車合非袋蓋部份。

43 圖示藍圈處為將要車合的部份。圖右為（步驟33）[25cm拉鍊＋擋布]尚未車合的那一側。

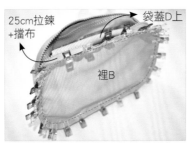

25cm拉鍊＋擋布
袋蓋D上
裡B

44 將袋蓋D上部份往內壓以露出表B縫份，接著依照步驟14，與[25cm拉鍊＋擋布]車合。

37 縫份剪牙口後往D下倒，並車壓線。

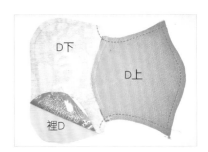

D下
D上
裡D

38 取裡D與其正面相對，如圖車合。

39 圓弧處剪鋸齒狀後，翻回正面壓線，袋蓋完成。

40 依照紙型D下單摺記號，將表裡的底角一起摺好（非分開摺）。

安裝五金與皮配件

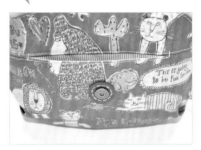

57 依紙型A位置,將皮扣母扣部份縫上。

58 扣上公扣後,量好位置釘上公扣部份。

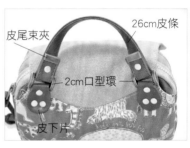

皮尾束夾　26cm皮條
2cm口型環
皮下片

59 皮下片穿過2cm口型環後,如圖位置釘固定於D上。再將26cm皮條兩端壓上皮尾束夾後,穿過口型環,摺起釘好。

60 拉鍊片穿過拉鍊頭的洞,再穿回固定。

53 壓線時會壓不到盡頭,盡量就好。

54 將兩側壓平對齊好車合。再取另外二片⑦與15cm拉鍊完成另一個。一共完成二個拉鍊口袋。

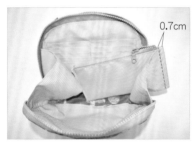

0.7cm

55 將C的山線部份摺起,包住拉鍊口袋兩側,以邊距0.7cm車合。

56 拉鍊夾層都車合好的樣子。

49 另一側拉鍊則是與⑦的下緣疏縫。

50 再與剩下的⑦下緣夾車拉鍊。

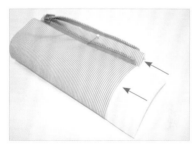

51 將二片硬襯⑧分別塞入,塞的時候要儘可能靠近拉鍊邊緣。

52 車壓線,將硬襯與⑦車合起來。

70 織帶另一端,如圖置於皮下片內側,皮下片則是穿過背帶鉤。

71 一樣是對摺釘固定。背帶完成的樣子。

72 鉤於2cm口型環,即可斜背使用。完成!

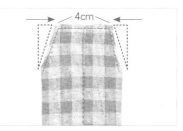

4cm

65 將背帶布端的兩側,往內壓進去,車合起來。如圖上緣留有4cm。

66 將一側背帶布端,如圖置於皮下片內側。

67 皮下片穿過背帶鉤後,對摺釘固定。

口型環

68 另側布端依步驟65車好後,穿過4cm口型環後車合固定。取織帶一端先穿過日型環後再穿過口型環。

車合固定

69 再如圖回穿日型環後,車合固定。

製作寬5cm減壓肩背帶

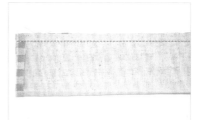

61 背帶布⑨兩端縫份摺起後,長邊對摺,車合起來。

62 翻正後,縫份倒向任一邊。取EVA布⑩穿入。
※可先在穿帶孔器會夾住的地方墊一塊布,以防EVA被夾破。

3cm   EVA

63 穿好後,背帶布的兩端3cm是不會有EVA的狀況。

64 接著在正中央處做車合。

夢幻甜星手提包

用粉嫩色系的星星布製作，彷彿將星星握在手中，不再只是仰望。想像被無數粉嫩明亮的繁星包圍，心情也跟著美麗起來。包款外觀不同的口袋設計，讓整體造型更有特色，夢幻又可愛的小巧手提包，擁有兩個也不嫌多！

製作示範／賴佳君（檸檬媽）　編輯／Forig　成品攝影／蕭維剛　完成尺寸／寬26cm×高21cm×底寬8cm

難易度／🧵🧵🧵🧵

Materials  紙型C面

用布量：
表布：圖案布（寬直條紋＋星星）約3尺
裡布：日本細格棉布約2尺（視口袋多寡）
果凍皮：粉色／藍色約1尺

裁布與燙襯：
※以下紙型為實版，縫份請外加0.7cm。
◎注意：其中4片（內口袋版型A5）已含縫份。
※數字尺寸已含縫份0.7cm，後方數字為直布紋。

部位名稱		尺寸	數量	燙襯建議／備註
表布 （寬直條紋＋星星）	主袋身	紙型A1	2	厚布襯
	前口袋	紙型A2	2	厚布襯
	隱形口袋	紙型A3	2	厚布襯
	後上身	紙型A4	1	厚布襯（燙上方即可）
	後下身	紙型A5	1	厚布襯
	側身口袋	紙型B3	2	厚布襯
	拉鍊口布a	33.2×5cm	1	厚布襯
	拉鍊口布b	33.2×3cm	1	厚布襯
	內口袋a	紙型A5	2	燙1片厚布襯
	內口袋b	紙型A5實版	4	燙2片厚布襯為表布
裡布 （日本細格棉布）	主袋身	紙型A1	2	
	後下身	紙型A5	1	
	側身口袋	紙型B3	2	
	拉鍊口布a	33.2×5cm	1	
	拉鍊口布b	33.2×3cm	1	
	下側身	紙型B4	1	
果凍皮（藍／粉）	側身（粉）	版型B1	2	
	底部（藍）	版型B2	1	
	掛飾布（藍）	1.2×4cm	2	

其他配件：
5V碼裝拉鍊共34cm長、3V定吋拉鍊8吋×1條、40cm果凍皮手把×1副、
貓爪果凍皮磁扣×1組、蘑菇腳釘×4個、白色合成皮出芽條共198cm
（85＋85＋28cm）、3mm出芽塑膠管200cm（85＋85＋30cm）、內徑1.2cm D環
×2個、EVA泡棉26×50cm、8×8mm彩鑽固定扣×8組、塑膠四合扣×1組。

Profile　檸檬媽

檸檬媽秉持著對手作的熱忱，不斷學習及嘗試不同素材，也常因為女兒的想法激出
更多火花讓作品更豐富更有溫度呢！
從第一個用古董針車自學布包開始，到現在自己可以打版出布，每個階段都是刻苦
銘心，學習過程中也默默成立了新創故事布品牌LemonMa，未來將持續創作設計結
合手工藝，與更多夥伴們一同開心玩轉手作。

社團名稱：LemonMa手作星球

9 翻回正面整燙後,將磁釦底座手縫固定在前口袋中心適當位置。

10 取磁釦另一端(貓爪)手縫或車縫於另一片A2適當位置。

11 隱形口袋完成俯視圖。

12 將前口袋對齊好先疏縫U字型。

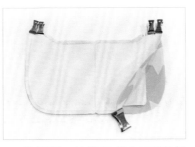

5 再將2片前口袋A2正面相對(此時2片A3在裡面)依強力夾處車縫左右兩邊。
※注意:左右兩邊需留縫份0.7cm不車。

6 翻回正面如圖示。

7 將A2翻開,縫份倒向A3隱形口袋並沿邊壓線,兩邊都需要。

8 再將2片A2和2片A3分別正面相對,車縫隱形口袋兩側與底部。

製作前表袋身+隱形口袋

1 取28cm合成皮出芽條對折,包夾住3mm塑膠管車縫。

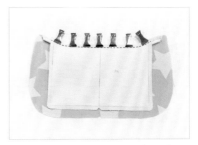

2 將出芽條沿邊對齊前口袋A2上方,左右兩邊各距1.5cm處,車縫固定。

1.5cm   1.5cm

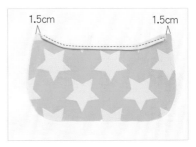

3 取隱形口袋A3與前口袋A2正面相對,中心點對齊,依強力夾處車縫固定。

4 共需完成2片,1片不用車縫出芽條。

21 再與裡後下身正面相對車縫上方。

17 前表袋身製作完成。

13 把疏縫好的前口袋放在A1表袋身上方,依強力夾處疏縫一圈。

22 縫份倒向裡布並沿邊壓線。

製作後表袋身＋蓋式口袋

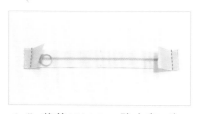

18 裁剪3×4.5cm防水布2片,正面相對車縫於8吋定時拉鍊左右兩端。

14 取85cm合成皮出芽條對折,包夾住3mm塑膠管車縫。

23 取A4後上袋身,距底部2cm處作記號並由下往上翻折2cm。

19 翻回正面車縫壓線。

15 換上單邊壓腳於表袋身底部開始車縫出芽條固定。

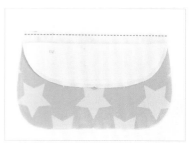

24 燙出折線形成蓋式口袋,將A4與A5中心點對齊後正面相對車縫。

20 取A5後下袋身與拉鍊中心點對齊並正面相對車縫上方固定。

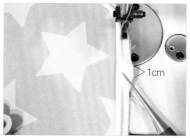

16 車縫時遇到弧度剪牙口,頭尾相接處相疊1cm接合。

33 取側身B1，將B3對齊好疏縫三邊，共完成兩組。

34 再將B1與側身底B2兩側正面相對，車縫固定。

35 翻回正面，縫份倒向B2壓線固定。

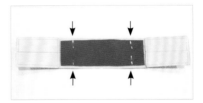

36 將腳釘安裝於紙型B2標記位置上並與EVA一同固定。

37 取拉鍊口布a表、裡布夾車34cm 5V碼裝拉鍊。

29 前、後表袋身完成。

製作側身

30 取側口袋B3表裡布正面相對車縫上邊。

2.5cm b 2.5cm
3cm a 3cm

31 翻回正面上邊壓線，其他三邊疏縫。側口袋下方距左右布邊各3cm處為a記號點、距左右布邊為2.5cm為b記號點。

32 分別將記號點a往記號點b打摺並車縫固定。

25 將A1後表袋身置於下方，正面朝上擺放。

26 接著如圖標示車縫框線，並將多餘的布料裁掉。

27 蓋式口袋拉鍊打開示意圖。

28 後袋身疏縫一整圈後依照步驟14～16製作出芽。

46 將縫份倒向B4裡布車縫，另一邊亦同。

42 取掛飾布對折套入小D環，依強力夾處車縫固定。

38 翻回正面沿邊壓線。

47 再將兩側邊疏縫一大圈，完成側身。

43 接著如圖示車縫固定在拉鍊上方兩側。

39 取拉鍊口布b表、裡布夾車另一邊拉鍊。

組合表袋身與側身

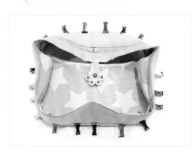

48 將前表袋身與側身正面相對，四周對齊好車縫一圈固定。

44 取側身表、裡布夾車拉鍊口布側邊。

40 翻回正面沿邊壓線，並將多餘拉鍊剪掉。

49 翻回正面如圖。

45 同作法夾車另一邊。

41 分別將雙色拉鍊頭由左右置入。

57 將表、裡布分別正面相對，依強力夾處車縫一圈，裡布需留返口。

53 如圖示使用強力夾將內口袋a那片四邊折入。

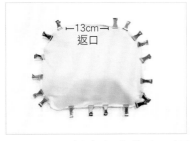

50 取A1裡布與表袋身正面相對車縫一圈，上方需留13cm返口。

58 由返口處翻回正面，並將返口以藏針縫收尾。

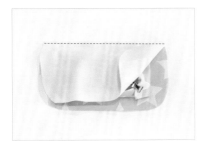

54 取另一片內口袋b裡布正面相對車縫上方。

51 由返口翻回正面。

59 口袋上方依適當位置安裝塑膠四合釦。

55 縫份倒向裡布車縫。

製作內口袋三層包

52 取內口袋b（A5實版）與內口袋a（外加縫份0.7cm）各1片。依紙型相對位置畫出三邊，正面相對車縫，開頭處重複車縫2次避免脫落。

60 將前方口袋向下折，並取另一片內口袋a正面相對車縫上方。

56 取另一組內口袋b表裡布，正面相對車縫上方，縫份倒向裡布車縫。

84

Back look!

61 翻回正面上方沿邊壓線，
弧度邊疏縫固定。

壓線

疏縫

62 再將內口袋三層包放在A1
裡袋身上，對齊好疏縫三
邊。

組合

67 依紙型相對位置使用彩鑽
固定釦安裝手把。

65 把比版型A1小0.6cm的EVA
泡棉由返口處置入，兩面
都要。

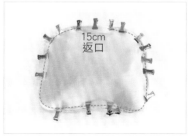

63 將後表袋身與步驟51側身
另一邊正面相對，對齊好
車縫一圈。

68 完成。

66 返口處以藏針縫收尾並將
包包翻回正面整燙。

15cm
返口

64 再將步驟62的裡袋身與63
的後表袋身正面相對車縫
一圈，上方需留15cm返
口。

手作達人
攜帶型隨身包

熱愛手作的達人們，不論是縫紉、刺繡、毛線或羊毛氈的愛好者，無時無刻都會想利用空檔時做手作，如果有專屬外出用的隨身包會方便許多，讓你隨時隨地都可以進入手作的世界。

製作示範／楊孟欣　編輯／Forig　成品攝影／詹建華　完成尺寸／寬10cm×高17.5cm×厚度1.5cm　難易度／

Materials 紙型D面

用布量：
素色牛仔布（外布）×1尺
點點布（裡布）×1尺
格子布（裡布）×1尺
厚不織布襯×1尺
薄不織布襯×1尺

裁布：
※※以上紙型及尺寸皆已含縫份0.7cm。

部位名稱		尺寸	數量	燙襯建議／備註
外布	袋身片	紙型	1	厚不織布襯1片（不含縫份）
	側口袋	17.5×19.5cm	1	
	蓋片	紙型	1	
裡布	袋身片	紙型	1	薄不織布襯1片（不含縫份）
	拉鍊袋	紙型	1	
	隔間片	紙型	1	
	蓋片	紙型	1	
	口袋	11.5×9cm	1	
	固定帶	11.2×6.5cm	1	

其他配件：
DMC繡線：粉紅/224、米白/ECRU各1束。
棉繩：粗2mm×長40cm×1條。
拉鍊：銅拉鍊長18 cm×1條。

Profile 楊孟欣

　　來自台南。早在小學時就對手創工藝產生濃厚的興趣，常常拿手邊的玩伴－芭比娃娃當模特兒，幫她們製作新衣，跟媽媽學刺繡，繡花裁縫對她來説輕而易舉。

　　生活中不能沒有電腦更不能沒有手作，畢業於崑山科技大學視覺傳達設計研究所，當了多年的平面設計師，但又同時熱愛裁縫。現在是觸感私塾生活提案工作室的負責人，工作室的業務跟一般設計公司不太一樣，有一般設計公司的設計工作也有工藝生活相關的手作業務，一邊當平面設計師一邊扮演手作者，遊走在電腦與手工之間，挑戰自我。歡迎有空到台南拜訪她的觸感私塾，一起玩手作與刺繡。

FB粉絲專頁搜尋：SophiaRose玩雜貨
觸感私塾生活提案工作室：
https://www.facebook.com/tesdesign2015/

9 將固定帶布片向內對折四等份，正面朝外，邊緣壓線固定。

10 再將固定帶縫合在袋身片裡布右邊，上方往下5cm處。

5cm

11 取口袋布片對折，車縫三邊，底邊留返口，並修剪四角縫份。

返口

12 將口袋翻到正面，折雙處壓線，整理返口至平整。

5 取側口袋片反面相對對折，在距離對折處0.2cm壓線固定。

6 依照紙型指示，將側口袋固定在袋身片裡布正面左邊，並且連同棉繩（頭尾端打結）一起固定。蓋片固定在袋身片裡布正中心。

7 在隔間片正面依紙型畫兩道車線位置。

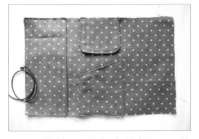

8 依據隔間上畫線標示，將隔間片依圖示縫合固定在袋身片裡布。

製作表裡袋身

1 在袋身片外布刺繡小圖。
◎紙型有付刺繡圖案。

2 在外布反面熨燙厚不織布襯、裡布反面熨燙薄不織布襯，兩種襯熨貼之前記得去除0.7cm縫份。

3 取隔間片正面相對對折，車合兩邊，角度縫份修剪。取表裡蓋片正面相對，車縫U形邊，縫份弧度處剪牙口。

4 翻回正面，間隔片距離對折處0.2cm壓線。蓋片距離邊緣0.2cm壓U形邊固定。

20 翻回正面,整理袋型。

16 拉鍊袋另一邊與袋身表布夾車另一邊拉鍊,並翻回正面壓線固定。

13 依據紙型標示位置,在袋身裡布右邊車縫上口袋三邊固定。

21 將拉鍊袋的返口以藏針縫縫合收尾,即完成。

組合袋身

17 袋身表布另一邊與袋身裡布正面相對。

製作拉鍊口袋

返口

18 對齊好車縫三邊,單邊拉鍊袋留一段返口。

14 取拉鍊袋與袋身裡布右邊夾車拉鍊。

19 修剪四個角的縫份。

15 翻回正面壓線固定。

打版進階 7
側身圓角後背包

解說文／凌婉芬　編輯／Forig　成品攝影／蕭維剛

示範尺寸／寬 25cm× 高 30cm× 底寬 13cm

難易度／◆◆◆◆

Profile

淩婉芬

原從事廣告行銷企劃工作，土木工程畢業。在一次因緣
際會下接觸拼布畫與拼布包，便一頭栽進布的世界裡。
由於包包創作實在太有趣，因此開始研究各種包款的版
型，進而創立一套比較有系統的版型規劃方式。目前從
事網路教學，舉凡包包製作、版型規畫、手工書、拼貼、
手工皮件等均為教學範圍。

著作：帶你輕鬆打版。快樂作包
　　　打版必學！同版雙包大解密

布同凡饗的手作花園
http：//mia1208.pixnet.net/blog
email：joyce12088@gmail.com

一、說明：

本單元示範為以側身為主要的打版方式，利用基本的圓角概念加上基本打版，設計出袋身雙
拉鍊包款，再運用袋身版型作出前袋蓋的設計；形成獨特的後背包款。

包款的尺寸大小則可依照個人喜好的方式來設計，打版所需常見工具或常識，以及基本公式
等，請參照打版入門（一）～（十一）。

二、包款範例：

示範包款尺寸：寬25cm×高30cm×底寬13cm

◎尺寸算法可參照打版入門或設計成自己喜歡或需要的大小。

◎背帶寬度與長度視個人使用習慣即可，沒有固定的算法。

三、繪製版型：

（1）根據已知的尺寸大小
　　　先畫出側身外框

30cm

13cm

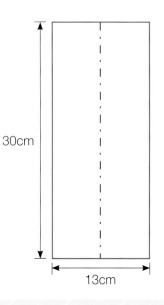

（2）決定4個角的圓弧大小

①可4個圓角的尺寸都相同

②可上下圓角不同尺寸（上圓角一種尺寸，下圓角一種尺寸）

本範例選擇第②種設計方式，由於想讓底比較穩固，因此選擇下圓角的尺寸＜上圓角

範例尺寸如下：（圓角大小依照自己想要的大小即可）

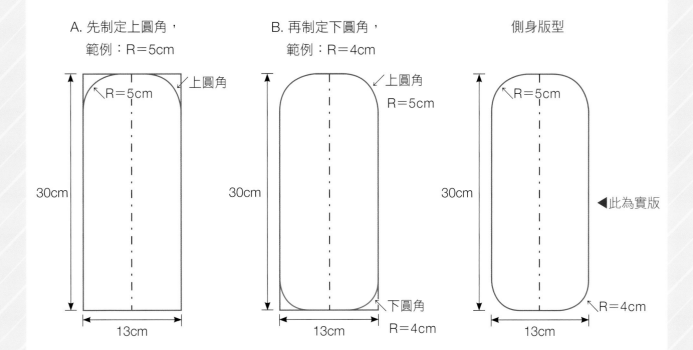

A. 先制定上圓角，
   範例：R＝5cm

B. 再制定下圓角，
   範例：R＝4cm

側身版型

【說明】上下圓角當然可以更圓一點，取決於想要包款的呈現樣式。

（3）計算側身周長

【說明】本範例為以側身為主的袋型，故而側身一周的長度就等於袋身的整個長度，

因此計算如下：（如果使用電腦軟體就直接讀出數據即可）

側身周長：7.9×2＋3＋21×2＋6.3×2＋5＝78.4cm（一整個周圍的長度）

┌──────────────────────┐
│ 袋身的整個長度＝側身周長 │
└──────────────────────┘

可使用這個尺寸來做袋蓋、前袋身、後袋身以及袋底的尺寸分配

不過；光是這樣的長度很難判斷怎麼來分配各個部位的尺寸

因此；可以將尺寸標示於側身上（每個圓弧處剛好會有一個節點，標示如下ABCD）

由下圖標示，A到B的距離＝7.9×2＋3＝18.8cm
→ 這邊的距離剛好可以成為袋蓋的尺寸
不過18.8cm的尺寸在現成的拉鍊中比較難使用，
因此我們可以使用固有的8吋拉鍊（20.5cm左右）
來制定這個部分。

如下圖示，但我們可以將袋蓋作點小設計；
延伸拉鍊的長度作為袋蓋的部份。

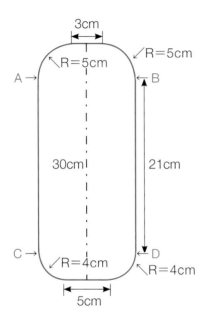

版型展開分配圖
TOTAL長度＝78.4cm

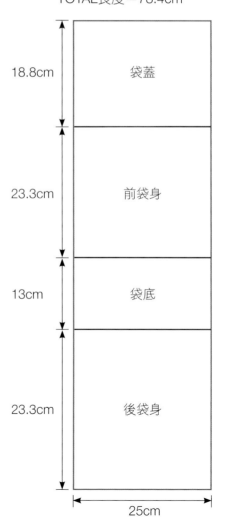

袋蓋版型

重製如下：由於須扣除兩側拉鍊尺寸
　　　　　（兩側拉鍊使用8吋）

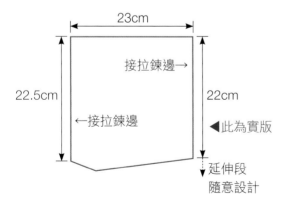

（4）制定袋底
由已知條件袋底寬13cm，因此袋底則為25×13cm（版型分配圖中袋底的部分）

袋底版型

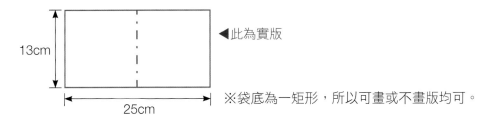

13cm

25cm

◀此為實版

※袋底為一矩形，所以可畫或不畫版均可。

（5）前後袋身版
　由版型分配圖得知前袋身與後袋身尺寸相同
　故而可使用同版型25×23.3cm

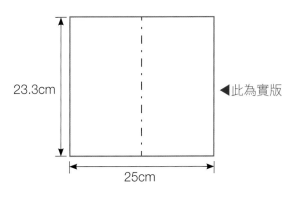

23.3cm

25cm

◀此為實版

※袋底為一矩形，所以可畫或不畫版均可。

（6）美化表袋身，制定前後口袋或不做均可

其實，到此為止；就算已經完全畫出整個版型，而第6點的設計可以讓整體袋型看起來
更美觀也更好使用，不做此設計也可以。

範例前口袋：

前口袋版

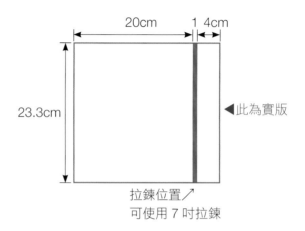

20cm　　1 4cm

23.3cm

◀此為實版

拉鍊位置↗
可使用 7 吋拉鍊

【說明】口袋的位置線可隨個人喜好決定，口袋蓋布
　　　　隨個人喜好決定。也可以不將版面分開，直
　　　　接製作一字拉鍊，視個人需求使用（範例使
　　　　用7吋拉鍊）

（7）其他部位的配飾

　例如：背帶的設計，可直接使用現成背帶、織帶或是自行製作，端看個人需求等均可。
　　　　側身口袋同樣依照個人需求即可。

（8）從頭再核算一次所有相關的數據→製作包包

四、問題。思考：

（1）側身版可以做怎樣的變化？
（2）袋蓋位置配置可以怎麼改變？如果接剛好會怎樣？
（3）側身版如果想作袋底摺子，會有怎樣的改變？
（4）各部位配置的改變？
（5）側身版的曲線弧度如果加大？會變成如何或是不可行呢？
（6）前袋身作摺子會有怎樣的變化？

NEXT

進階打版（八）

午後時光野餐袋

想在假日的午後與好友愜意的在草皮上野餐談天，簡單準備幾樣餐點，將野餐袋裝滿就可以輕便的出門囉～偶爾在戶外接觸藍天綠地的野餐也很美好，心情都開朗了起來！

製作示範／鈕釦樹　編輯／Forig　成品攝影／蕭維剛

完成尺寸／寬29cm×高21cm×底寬15cm　難易度／♥♥♥

HOW TO MAKE

✤製作水壺袋

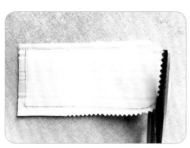

1 取水壺袋蓋布二片正面相對，車縫U字型，圓弧處以鋸齒剪刀修剪牙口。

2 翻至正面，在距離外緣0.2cm處壓上U型裝飾線。

0.7cm

3 取水壺袋布和袋底布正面相對車合，圓弧端在開始與結尾處各留0.7cm不車。車縫轉角或弧度處時剪牙口，可讓二片布更貼齊。

PROFILE

Amy Tung

原本任職高科技業，2004年買了第一台縫紉機後，就和手作結下不解之緣。2014年成立「鈕釦樹」手作教室，為喜歡手作的朋友們提供溫馨舒適的學習環境，舉辦多樣化手作課程教學及手作包訂製。
合集著作：《單雙肩後背包》

FB搜尋：鈕釦樹 Button Tree

MATERIALS

紙型 D 面

裁布：
※以上紙型需外加縫份0.7cm，數字尺寸已含縫份。

部位名稱		尺寸	數量	燙襯建議／備註
花色布	側身主片	21×58.5cm	1	燙不含縫份厚襯
	水壺袋布	21×21.5cm	1	燙不含縫份厚襯
配色條紋布	上袋蓋	紙型	1	燙不含縫份厚襯
	袋底	紙型	1	燙不含縫份厚襯
	水壺袋底	紙型	1	燙不含縫份厚襯
	側邊袋布	22.5×16.5cm	1	燙不含縫份厚襯
	提帶布	4×50cm	2	
	水壺袋蓋布	紙型	2	1片燙不含縫份厚襯
	內口袋布	10×25cm	1	
內鋪棉裡布	側身內袋布	21×58.5cm	1	
	上袋蓋	紙型	1	
	袋底	紙型	1	
	水壺內袋身	17×21.5cm	1	
	水壺袋底	紙型	1	
	側邊裡袋布	22.5×16.5cm	1	

其他配件：
5V拉鍊58.5cm長×1條、3cm寬織帶提帶50cm長×2條、1.3cm撞釘磁扣×1組、底板（袋蓋版型內縮0.5cm）×2片、4cm寬內包邊布條適量、2.5×60cm格紋出芽布×2條、塑膠軟管適量。

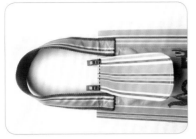

11 將水壺袋蓋依圖示車縫在織帶中間。

❖製作便當袋

1.5cm   1.5cm

12 取格紋出芽布包夾車塑膠軟管,頭尾端預留約2cm。將出芽布固定在袋蓋布及袋底布的U型處,離底邊直線約1.5cm。

13 將袋蓋表布與裡舖棉布背面相對,疏縫U字型固定。

14 取拉鍊與袋蓋正面相對,沿邊車縫U型固定。

8 取提袋布,兩側往內折1cm,固定在織帶中心,距離兩側邊0.2cm壓裝飾線,共完成2條。

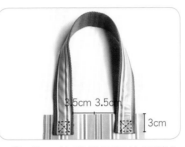

3.5cm 3.5cm   3cm

9 將一條織帶提把的兩端內折2cm,固定在側邊袋口往下3cm,中心往左右各3.5cm位置。

10 取步驟7完成的水壺袋,將兩邊與袋底車縫固定在側邊袋布的中間。

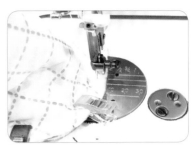

4 同上作法完成水壺內袋身與袋底的車合。

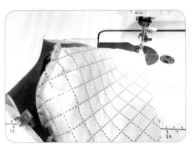

5 將步驟3、4的水壺袋正面相對,車縫上方。

6 翻至正面,縫份倒向表布,沿邊0.2cm處壓裝飾線固定。

7 將表裡水壺袋正面相對貼齊後,車縫兩側,並從袋底翻至正面,壓縫上方0.2cm裝飾線。

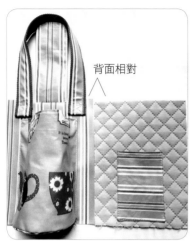

背面相對

23 取完成的側邊袋表裡布背面相對，疏縫一圈固定。

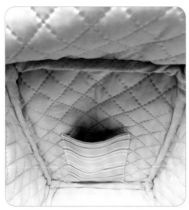

24 將袋身與側邊袋布正面相對，用強力夾固定四邊後車縫一圈。再以包邊布將縫份包車好。

25 在水壺袋蓋布上中心處釘上撞釘磁扣即完成。

19 疏縫袋身三邊。

20 將側身主布底部與袋底正面相對車合，並包邊固定，再將拉鍊頭裝上。

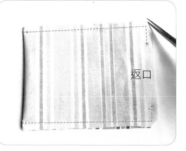

返口

21 取內口袋布正面相對對折車縫，下方留5cm返口，直角縫份修剪掉，翻至正面，折雙處壓縫0.2cm裝飾線。

1cm

22 將內口袋布車縫在側邊裡袋布中間，由下往上1cm位置。

15 拉鍊處再車縫上包邊布，並在裡側以手縫方式完成包邊。

16 在直線開口處放入底板。袋底作法相同。

17 取側身主布與側身內袋布上方夾車拉鍊。並翻至正面，距拉鍊邊0.2cm處壓線固定。

3.5cm 3.5cm
3cm

18 袋身中心位置，同步驟9，固定另一條織帶提把。

多彩玫瑰花捲尺

春天到來，各色的玫瑰花紛紛盛開，美不勝收，每種色彩都美得令人讚嘆！將縫紉時必備的捲尺換上新裝，放在桌上賞心悅目，讓手作時更有動力，想時常拿出來使用。

製作示範／雪小板　編輯／Forig　成品攝影／蕭維剛

完成尺寸／花朵直徑6cm×高度1.5cm（不含捲尺）　難易度／♡♡♡

MATERIALS

紙型 B 面

準備裁片：

1 依照紙型描繪在花瓣布的背面，深淺兩色布各裁小花瓣4片、大花瓣3片。

2 依紙型剪下葉子布襯，燙在葉子布料背面，裁剪A、B各2片。

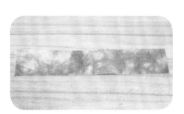

3 利用捲尺本體描出需要的布襯2片，燙在布料背面，並外加0.7cm縫份剪下，得到面布2片。

4 量出捲尺周長及厚度，外加0.7cm縫份剪下，得到側邊布。

其他配件：
捲尺×1個。

PROFILE

創意拼布作家 拼布資歷八年
日本餘暇文化振興會一級縫紉合格
喜愛天馬行空幻想，善於利用圖案及配色，營造溫馨歡樂的幸福感。
著有《艾蜜莉的花草時光布作集》合輯。

雪小板

FB粉絲專頁：雪小板的手作空間
http://www.facebook.com/snowyhandmade

❀組合花瓣

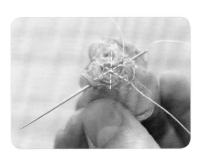

9 重疊兩片小花瓣，稍微錯開0.7cm後捲起，注意底部要對齊，並用珠針固定。

10 再以手縫米字交叉刺穿縫固定底部。

11 接著依序疊加花瓣，每片用珠針固定後，縫合數針固定上去。

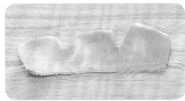

5 花瓣底部平針縫或直接車縫一道，兩端留線頭，拉緊縮皺。

6 所有花瓣依步驟4～5製作備用。可依花瓣大小調整縮皺程度。

❀製作葉子

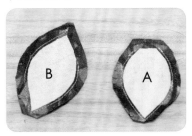

7 如圖示車縫後，外加0.5cm縫份剪下，並剪掉多餘尖角縫份以及剪牙口。

藏針縫

8 從返口翻回正面，葉子B先以藏針縫縫合返口。

❀製作花瓣

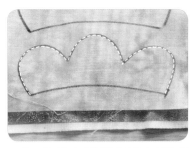

1 花瓣布深淺兩色正面相對，沿著花瓣造型車縫，下方不車當返口。

2 以鋸齒剪剪下花瓣圓弧，凹處確實剪牙口，返口圓弧沿記號線剪即可。

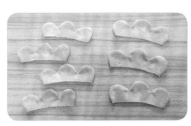

3 翻回正面的樣子。

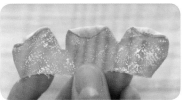

4 利用縫針將花瓣尖端捲下來，並用立針縫縫三針固定。

102

19 同樣的做法將有花的那一面縫上。

藏針縫

20 捲尺拉柄套上葉子A，以藏針縫縫合返口固定。

21 葉子B依照喜好的位置藏針縫合。美麗的玫瑰花捲尺就完成了！

15 由捲尺洞口一側開始，黏一圈雙面膠。

16 再將側邊布貼上。

17 上下皆用平針縫拉緊縫份固定。

18 先取沒縫花的面布，蓋上捲尺按鈕這一面，邊緣以藏針縫跟側邊布手縫一圈固定。

12 取包捲尺面布1片，將玫瑰花置於中心，縫外圍一圈固定。

13 面布外圍平針縫一圈後，稍微拉緊內收縫份固定。另一片面布也平針拉緊內收縫份備用。

✻包覆捲尺

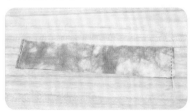

14 取側邊布，頭尾向內摺0.7cm後壓線。

同樣的方法也可應用在包覆罐蓋上唷！

簡約輕便型男包

外觀簡約的設計，率性不失格調。將袋蓋掀開，男士隨身必需攜帶的手機和筆，
俐落的放置在隨手可得的位置，包款前後都設有口袋，實用又有型，是每位男士
都會喜歡的造型款式。

製作示範／古依立　編輯／Forig　成品攝影／詹建華
完成尺寸／寬27cm×高20cm×底寬7cm
難易度／○○○○

Materials 紙型 D 面

用布量：
表布：磨紗防水布2色各1.5尺。裡布：緹花防水布2尺。

裁布與燙襯：
※以下紙型及尺寸皆已含縫份0.7cm。

表布／磨紗防水布（灰）

F1 前袋身	紙型	1
F2 側身	紙型	1
袋蓋表布	粗裁29×17cm	2 （F6袋蓋紙型）
F3袋蓋後背布（下）	紙型	1
F4裡側身貼邊	紙型	2
F5裡袋身貼邊	紙型	2
側身織帶檔布	9×5.5cm	2

表布／磨紗防水布（藍）

F7袋蓋後背布（上）	紙型	1
F8手機袋	紙型	1 （正面取圖）
F9後袋身	紙型	1
筆耳	13×7cm	1
包繩布（袋身）	2.5×62cm	2
包繩布（袋蓋）	2.5×80cm	1

裡布／緹花防水布

B1前／後袋身	紙型	2 （特殊襯）
B2側身	紙型	1 （特殊襯）
F8手機袋裡布	紙型	1 （背面取圖）
袋蓋22cm拉鍊裡布	27×33cm	1
後袋身一字口袋裡布	27×36cm	1
18cm一字拉鍊口袋裡布	23×30cm	1
貼式口袋	36×28cm	1

其它配件： 3.8cm織帶×6尺、3.8cm日型環×1個、3.8cm口型環×2個、3.8cm三角鋅環×2個、3.2cm問號鉤×2個、2cm織帶×1尺、直立式插釦×1個、包繩芯×3尺、單面撞釘磁釦×1組、包邊帶×3尺、22cm 5V拉鍊×1條、18cm 3V拉鍊×1條、3.8cm織帶皮片×2入。

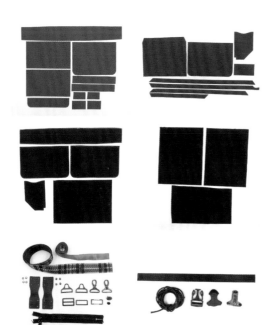

Profile

古依立

就是喜歡！就是愛亂搞怪！雖然不是相關科系畢業，一路從無師自通的手縫拼布到臺灣喜佳的才藝副店長，就是憑著這股玩樂的思維，非常認真地玩了將近 20 年的光景，生活就是要開心為人生目標。
合著有：《機縫製造！型男專用手作包》、《型男專用手作包 2：隨身有型男用包》

依秝工作室

新竹縣湖口鄉光復東路 315 號 2 樓｜ 0988544688
FB 搜尋：「型男專用手作包」、古依立、依秝工作室

⚙ 製作前拉鍊口袋

9 取袋蓋後背布（上/下）片正面相對車縫固定。

5 取另一片袋蓋與拉鍊另一側布邊中心點對齊車縫固定。

1 將22cm拉鍊與前袋蓋表布正面相對，中心點及布邊對齊。

10 縫份攤開，正面兩側各自壓線0.2cm。

6 在依圖示記號線車縫兩側（↓3cm →3cm）。

2 取袋蓋22cm拉鍊裡布與袋蓋表布正面相對，夾車22cm拉鍊。

11 將2cm織帶固定於中心點下18cm處。再將直立式插釦蓋（背面朝上）套入織帶另一側。

7 翻至正面，依圖示車縫固定線。

3 裡布翻至袋蓋表布背面，拉鍊下方壓線0.2cm固定。

12 將織帶反折另一端對齊上方布邊，依圖示車縫固定線。

8 依F6袋蓋紙型裁剪正確尺寸，並沿邊車縫包繩。

4 裡布正面反折，布邊與拉鍊另一側對齊。

21 再車縫下方,最後車縫右側固定線。

17 依圖示弧度處剪牙口,並修剪角度縫份。

13 與袋蓋表布正面相對車縫U型。

22 放入手機示意圖。

18 翻回正面,依圖示位置車縫裝飾線。

14 兩側弧度處需剪鋸齒牙口。

23 筆耳布於背面7cm處上/下皆反折至中心線。

19 前袋身依紙型畫出手機位置。

15 由上方返口翻回正面,並壓線一圈。

⚙ 製作前袋身

24 車縫4條固定線,再依圖示畫出三條記號線。

20 將手機袋置於前袋身位置處,先車縫左側固定線。

16 取手機袋表/裡布正面相對,車縫一圈,側邊留返口。

33 依紙型記號沿邊車縫好包繩。

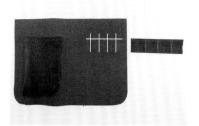

29 依紙型畫出直立式插釦座位置。並使用拆線器開洞。

25 前袋身依圖示畫出筆耳車縫記號線。

✿ 製作後袋身

34 取後袋身一字口袋裡布,依紙型畫出記號線。並置於後袋身表布正面相對,布邊對齊,依記號線車縫一圈,同一字拉鍊口袋作法剪出Y字口。

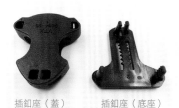

插釦座(蓋)　　　插釦座(底座)

30 直立式插釦座拆解示意圖。

26 筆耳背面朝上,對齊左側第一條記號線,並車縫0.2cm固定線。

35 將裡布翻至表布背面,整燙好開口,車縫三邊固定線,並於中心下1.5cm打上磁釦座。

31 將插釦底座置於表布後方,插入開洞位置。

27 將筆耳翻至正面壓線0.4m。

36 將口袋裡布反折,布邊對齊表布上方布邊。

32 再將插釦座(蓋)背面朝(底座),依對應位置壓合固定。

28 依序車縫固定。

45 套入三角鋅環後織帶對折，再疏縫固定，袋口下7.5cm畫出檔布記號線。側身織帶檔布背面上／下各反折1cm。

41 袋口下3cm畫出記號線，並沿邊完成包繩車縫。

37 取3.8cm織帶剪15cm長，套入口型環。

46 將織帶檔布下方對齊7.5cm記號線，上／下沿邊車縫固定。上方距邊0.5cm再車縫一道。

42 袋蓋背面朝上，布邊對齊記號線及中心點，車縫0.7cm固定線。

38 反折5cm打上單面撞釘磁釦（上蓋）。

47 同作法完成另一側。

43 將袋蓋往上翻至正面，依圖示車縫二道固定線。

⚙ 側身及袋身接合

39 置於後袋身磁釦座位置，再將織帶末端塞入一字口袋內側，上端車縫0.2cm固定線。

48 側身中心點與袋身底部中心點對齊，沿布邊對齊好車縫U字型固定。

44 取3.8cm織帶剪2條8cm長，依側身紙型位置疏縫固定。

40 將表布掀起，車縫一字口袋裡布兩側。

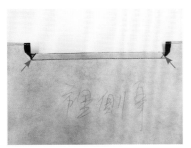

57 兩端縫份皆反折。

53 取18cm一字拉鍊口袋裡布與拉鍊正面相對，布邊對齊車縫18cm固定線。

49 另一袋身車縫方式同上步驟。

58 將口袋裡布翻至袋身裡布背面。

(16.5x1.3cm)

54 剪去多餘布料（16.5×1.3cm）。

50 袋口縫份往背面反折1cm，並車縫0.5cm一圈。

⚙ 製作裡袋身

59 翻回裡袋身正面，拉鍊下方壓線0.2cm固定。

55 袋身裡布兩側直角處剪45度牙口，不可剪到拉鍊。

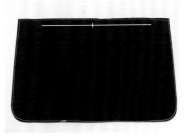

51 取一片裡袋身，袋口下1.3cm畫出一道記號線。

60 將口袋裡布反折，底部布邊對齊拉鍊上方，兩側車縫固定，車至下方時車縫弧度。

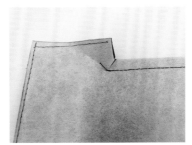

56 背面圖示。

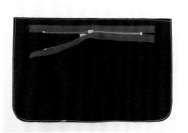

52 將18cm拉鍊背面朝上，中心對齊及拉鍊邊對齊記號線。

69 袋口對齊車縫0.2cm固定線。

65 再同表袋車縫方式接合裡袋身。

61 取貼邊與拉鍊另一邊正面相對車縫固定。

70 將斜背帶製作好,扣上斜背帶即完成。

66 完成另一裡袋身接合。

62 貼邊上翻,縫份倒向貼邊壓線0.5cm。

67 袋口縫份往背面反折1cm,並車縫0.5cm一圈。

63 依個人喜好完成另一袋身口袋,並完成貼邊車縫。

68 表/裡袋身背面相對套合,袋口處可用水溶性雙面膠帶先黏貼固定。

64 側身裡布與貼邊車縫固定,縫份倒向裡布,正面壓線0.5cm固定。

輕便有型斜肩包

輕便有型、中性簡約的設計，搭配防潑水的肯尼布與配色皮革布，質感強烈。率性休閒與個性相結合，讓人眼前一亮！比大背包輕巧，比手拿包實用，多隔層收納，手機、錢包、證件、小物都能分類存放，細節中展現美好。外出帶上它，自在隨行，讓您每趟旅程都充滿自信，無後顧之憂，只需專注當下，享受愜意的旅行。

設計製作／Kanmie・張芫珍　編輯／Forig　成品攝影／詹建華
完成尺寸／寬26cm×高19cm×底寬3cm
難易度／◇◇◇◇

Materials 紙型 D 面

示範布：肯尼布（焦茶咖）、肯尼布（咖啡色高週波紋）、
皮革布（焦茶咖）、POLY300D尼龍裡布。

裁布：
※數字尺寸已含縫份；紙型未含縫份，需另加縫份。縫份未註明＝0.7cm。

表袋身

前口袋	紙型A	表1裡1
袋身前片	紙型B	裡1
袋身後片	紙型B	1
拉鍊口袋布	①↔22cm×↕30cm	裡1
側蓋	紙型C	表2裡2　高週波紋
拉鍊口布	紙型D	表1裡1
側底	紙型E	表1裡1
側身	紙型F	表2裡2　配色皮革布
背帶連接片（上）	紙型G	正1反1
背帶連接片（下）	紙型H	正1反1
背帶布	②↔11cm×↕32cm	2　EVA：3.5cm×30cm 2片

裡袋身

袋身前／後片	紙型B	2
拉鍊口袋布	③↔22cm×↕30cm	2
包邊條	④4cm×95cm（斜布紋）	2

其它配件：5號尼龍碼裝拉鍊（19cm×1條、22cm×1條、23cm×1條、拉鍊頭×3個）、3號尼龍碼裝拉鍊（22cm×2條，拉鍊頭×2個）、2.5cm寬織帶（19cm×2條、26cm×1條、31cm×1條）、10mm雞眼釦×8組、2.5cm針釦×2個。

Profile

Kanmie 張芫珍

　　從小對手作充滿熱忱，喜歡嘗試不同手作領域。2008 年起開始沉迷於拼布世界，不同的手作素材，有著無限組合方式，巧妙的構思與創作，創造獨一無二幸福感！透過本身對手作的熱愛，客製商品及手作教學。喜歡自己正在做的事，做自己喜歡做的事，與您分享生命中的感動！

2013 年 12 月《自由時報週末生活版 · 耶誕布置搖滾風》。
2014 年 1 月《自由時報週末生活版 · 新年月曆 DIY 童趣布作款》。
2015 年與吳珮琳合著《城市悠遊行動後背包》一書。
2019 年與吳珮琳合著《城市輕旅萬用機能包》一書。

發現幸福的秘密。。。。
http://blog.xuite.net/kanmie/kanmiechang

轉角遇見幸福 Kanmie Handmade
https://www.facebook.com/kanmie.handmade

⚙ 製作扣環帶

14cm

8 取織帶19cm長,於圖示位置利用錐子穿洞,再將針扣穿入。※注意:此處不用打洞器打洞,避免虛邊。

9 再將織帶尾端內摺車縫固定。此為扣環帶a。

10 另取織帶26cm長,依圖示位置利用打洞器打洞後,於洞口塗上白膠避免虛邊。

2cm 2cm 14cm

11 待白膠稍微半乾後,再安裝10mm雞眼釦,一共三組,再將織帶尾端內摺車縫固定。此為扣環帶b。

⚙ 製作前口袋（中欄續）

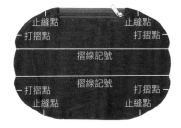
止縫點　　　　止縫點
打摺點　　　　打摺點
摺線記號
打摺點　摺線記號　打摺點
止縫點　　　　止縫點

5 依紙型標示畫出摺線記號及打摺對應點,並將四個止縫點先標示出來。

6 再將表、裡布一起抓起依圖示翻摺,於兩側摺線記號處分別車壓0.2cm立體摺線。

7 將摺線兩端分別往外對應打摺點,打摺疏縫固定。

⚙ 製作前口袋

1 前口袋A表、裡布正面相對,置中夾入5號碼裝拉鍊19cm,拉鍊正面朝表布正面。

2 依圖示夾車拉鍊上方到兩端止縫點,並於兩端轉角處剪牙口。表、裡布都要剪,小心不要剪到拉鍊及縫線。

3 翻回正面,從一端裝上拉鍊頭後,再分別將兩端表、裡布依圖示翻摺,正面相對夾車拉鍊頭尾兩端,車縫固定。※注意:拉鍊頭有方向性,袋身組合起來才會同向。

4 翻回正面,將縫份整好順好,沿拉鍊框邊壓線0.2cm固定。再將表、裡布四周疏縫一圈固定。

19 再於前口袋兩端止縫點處剪牙口,並用鋸齒剪修剪圓弧處縫份。

20 翻回正面,沿邊壓線0.2cm到兩端止縫點。

21 先將扣環帶扣好,並將右側蓋依牙口處往中摺,再疊放在表袋身前片B裡布正面,沿邊疏縫一圈固定。完成表袋身前片。

⚙ 製作後拉鍊袋與內袋拉鍊袋

22 於表袋身後片B背面圖示位置畫18cm×1cm一字拉鍊框,再與拉鍊口袋布①正面相對,車縫拉鍊框,並於中間剪Y字拉鍊開口。

16 用鋸齒剪修剪圓弧處縫份並翻回正面,沿邊壓線0.2cm到兩端止縫點。

17 再將側蓋依牙口處往中摺,疏縫固定。

18 步驟13右側蓋及側蓋裡布再與前口袋表布右側,正面相對夾車,車縫圓弧處到兩端止縫點。※注意:側蓋縫份點與止縫點要對應好。

12 將扣環帶a依圖示位置,持出1cm並沿邊車壓0.2cm固定於左側蓋表布正面。※注意:扣環帶有正反面之分,不要車錯。

13 再將扣環帶b依圖示位置,持出1cm並沿邊車壓0.2cm固定於右側蓋表布正面。※注意:扣環帶有正反面之分,不要車錯。

14 將步驟12左側蓋及側蓋裡布與步驟7前口袋表布左側,正面相對夾車,車縫圓弧處到兩端止縫點。※注意:側蓋縫份點與前口袋的止縫點要對應好。

15 再於前口袋兩端止縫點處剪牙口。

30 翻回正面將縫份整好,沿框邊壓線0.2cm固定。

31 另取側身F表、裡布各一片,正面相對夾車拉鍊口布一端。

32 翻回正面,壓線0.2cm固定。

33 同作法,取另一側身F表、裡布,正面相對夾車拉鍊口布另一端,並翻正壓線0.2cm固定。

34 將側底E表、裡布背面相對,疏縫一圈固定。

✿ 組合袋身前、後片

26 再將步驟21表袋身前片疊放在裡袋身前片背面,疏縫一圈固定。完成袋身前片。

27 步驟24表袋身後片再與裡袋身後片背面相對,疏縫一圈固定。完成袋身後片。

✿ 製作拉鍊口布與側身

28 將拉鍊口布D表、裡布正面相對,依圖示置中夾車5號碼裝拉鍊23cm上方到兩端止縫點,拉鍊正面朝表布正面。再於兩端轉角處剪牙口,表、裡布都要剪,小心不要剪到拉鍊與縫線。

29 先從一端裝上拉鍊頭,並分別將拉鍊口布表、裡布兩端依圖示翻摺,夾車拉鍊頭尾兩端。※注意:拉鍊頭有方向性,袋身組合起來才會同向。

23 從開口處將口袋布翻出並翻回正面,將縫份順好。取5號碼裝拉鍊22cm並裝上拉鍊頭,置下層。沿拉鍊框邊車壓0.2cm固定拉鍊。※注意:拉鍊頭有方向性,袋身組合起來才會同向。

24 翻到背面,將拉鍊口袋布往上正面相對對摺,車縫口袋三邊。完成後拉鍊袋。

25 參考步驟22~24,取3號碼裝拉鍊22cm兩條與拉鍊口袋布③,分別於裡袋身前、後片B製作18cm×1cm一字拉鍊口袋。※注意:此處拉鍊頭須為一左一右,袋身組合起來才會同向。

42 翻回正面,沿邊壓線0.2cm固定。

43 取背帶連接片(下)H兩片,正面相對,置中夾入背帶c,依圖示車合,修剪兩端轉角縫份。※注意:背帶有正反面之分,不要錯邊。

44 翻回正面,沿邊壓線0.2cm固定。

45 再將完成的背帶中心點對應好,依圖示疏縫固定於步驟27袋身後片表布兩側。※注意:背帶有正反面之分及方向性,不要錯邊。

39 先將扣環帶尾端持出2cm,依圖示塞入背帶尾端內摺處,加強車縫固定。再沿中線車壓0.2cm固定軟墊及縫份。※注意:扣環帶皆有正反面之分,不要錯邊。

40 依圖示沿邊車縫框形一圈加強固定織帶。此處分別稱為背帶c和背帶d。

41 取背帶連接片(上)G兩片,正面相對,置中夾入背帶d,依圖示車合,再修剪兩端轉角縫份。※注意:背帶有正反面之分,不要錯邊。

35 依圖示分別將兩側身F表、裡布另一端,正面相對,夾車側底E兩端。

36 翻回正面,於兩側分別壓線0.2cm固定。再將側袋身整圈表、裡沿邊疏縫一圈固定。完成側袋身。

⚙ 製作背帶

37 取織帶19cm長與針扣一個,參考步驟8~9,製作扣環帶,此為扣環帶c。另取織帶31cm及5組雞眼釦,參考步驟10~11,依圖示位置製作扣環帶,此為扣環帶d。

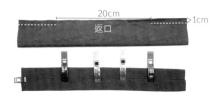

38 將背帶布②短邊處正面相對對摺,依圖示車縫。再翻回正面並從返口塞入EVA軟墊後,將縫線置中、縫份倒向同一側。再將背帶一尾端縫份內摺夾好,一共兩條。※注意:尾端內摺處需為一左一右對稱。

49 再將包邊條另一側縫份內摺後再向後翻摺,將縫份包起並蓋住後方車線,用強力夾夾好。

46 步驟36完成之側袋身表布再與步驟26袋身前片之前口袋表布正面相對,拉鍊口布拉鍊處對應著前口袋拉鍊處,四中心點對齊,車縫一圈組合固定。

50 沿邊車壓0.2cm一圈固定。

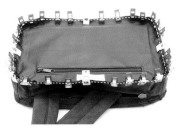

47 側袋身表布另一側再與步驟45袋身後片表布正面相對,並將拉鍊口布拉鍊拉開,將背帶從拉鍊開口處拉出。再車縫一圈組合固定。

51 同作法,完成另一邊縫份包邊。

48 取包邊條④與袋身裡側縫份邊緣正面相對,前端先內摺1cm,再沿邊車縫一圈組合固定。車到尾端重疊處,剪掉多餘的包邊條再車合。

52 將袋身翻回正面,完成。

CottonLife 玩布生活 No.33

讀者問卷調查

Q1. 您覺得本期雜誌的整體感覺如何？　□很好　　□還可以　　□有待改進

Q2. 請問您喜歡本期封面的作品？　　□喜歡　　□不喜歡

原因：＿＿＿＿＿＿＿＿＿＿＿＿＿＿＿＿＿＿＿＿＿＿＿＿＿＿＿＿＿＿＿

Q3. 本期雜誌中您最喜歡的單元有哪些？

□2020春夏流行色×簡易拼布《三角形拼接萬用包》P.04

□2020春夏流行包款「雙包」《彩虹藝術托特／手機包》、《流行鏤空子母包》P.08

□金選特輯「百搭洋裝／上衣」P.23

□銀選專題「功能性時尚女包」P.45

□銅選特企「必備實用小包」P.69

□進階打版教學（七）「側身圓角後背包」P.90

□手作生活雜貨《午後時光野餐袋》、《多彩玫瑰花捲尺》P.96

□隨行男用包《簡約輕便型男包》、《輕便有型斜肩包》P.104

Q4. 金選特輯「百搭洋裝／上衣」中，您最喜愛哪個作品？

原因：＿＿＿＿＿＿＿＿＿＿＿＿＿＿＿＿＿＿＿＿＿＿＿＿＿＿＿＿＿＿＿

Q5. 銀選專題「功能性時尚女包」中，您最喜愛哪個作品？

原因：＿＿＿＿＿＿＿＿＿＿＿＿＿＿＿＿＿＿＿＿＿＿＿＿＿＿＿＿＿＿＿

Q6. 銅選特企「必備實用小包」中，您最喜愛哪個作品？

原因：＿＿＿＿＿＿＿＿＿＿＿＿＿＿＿＿＿＿＿＿＿＿＿＿＿＿＿＿＿＿＿

Q7. 雜誌中您最喜歡的作品？不限單元，請填寫1-2款。

原因：＿＿＿＿＿＿＿＿＿＿＿＿＿＿＿＿＿＿＿＿＿＿＿＿＿＿＿＿＿＿＿

Q8. 整體作品的教學示範覺得如何？　□適中　　□簡單　　□太難

Q9. 請問您購買玩布生活雜誌是？　□第一次買　□每期必買　□偶爾才買

Q10. 您從何處購得本刊物？　□一般書店　　□超商　　□網路商店（博客來、金石堂、誠品、其他＿＿＿＿＿＿）

Q11. 是否有想要推薦（自薦）的老師或手作者？＿＿＿＿＿＿＿＿＿＿＿＿＿＿

姓名：　　　　　　　　連絡電話（信箱）：

FB／部落格：

Q12. 請問對我們的教學購物平台有什麼建議嗎？（www.cottonlife.com）

歡迎提供：

Q13. 感謝您購買玩布生活雜誌，請留下您對於我們未來內容的建議：

姓名／		性別／□女　□男		年齡／　　歲	
出生日期／　　月　　日		職業／□家管　□上班族　□學生　□其他			
手作經歷／□半年以內　□一年以內　□三年以內　□三年以上　□無					
聯繫電話／（H）　　　　　（O）　　　　　（手機）					
通訊地址／郵遞區號 □□□□□					
E-Mail／			部落格／		

讀者回函抽好禮

活動辦法：請於2020年5月20日前將問卷回收（影印無效）填寫
超值好禮。獲獎名單將於官方FB粉絲團（http://www.facebook.c
品將於6月中前統一寄出。

※本活動只適用於台灣、澎湖、金門、馬祖地區。

卡其／咖－斜背織帶
（1組）隨機

美國進口雙膠棉
（1包）

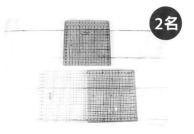

60cm摺疊式定規尺
（1組）

請貼8元郵票

CottonLife 玩布生活

飛天手作興業有限公司 編輯部

235新北市中和區中正路872號6樓之2
讀者服務電話：(02)2222-2260

黏貼處

黑（古銅）－皮片
（2入）

大橘兔子／熊緞帶
（1碼裝）隨機

咖色皮飾片
（2入）

請沿此虛線剪下，對折黏貼寄回，謝謝！